工程测量

何睿华 关春洁 董亚辉 主 编
王 强 林玉婷 副主编

人民交通出版社股份有限公司

北 京

内 容 提 要

本书紧密结合目前测绘行业新仪器、新技术的应用，分为十一个项目，主要内容包括：绪论、水准测量、角度测量、距离测量与直线定向、GNSS测量技术、测量误差、小区域控制测量、地形图测绘与应用、道路中线测量、路线的纵、横断面测量、公路施工测量。

本书可作为高等职业院校土木工程及相关专业的教材或教学参考书，也可作为公路工程测绘技术人员的培训教材和参考书。

图书在版编目(CIP)数据

工程测量/何睿华,关春洁,董亚辉主编. —北京：
人民交通出版社股份有限公司,2021.10
ISBN 978-7-114-17591-6

Ⅰ.①工⋯　Ⅱ.①何⋯②关⋯③董⋯　Ⅲ.①工程测量—高等职业教育—教材　Ⅳ.①TB22

中国版本图书馆 CIP 数据核字(2021)第174938号

```
书    名：工程测量
著 作 者：何睿华  关春洁  董亚辉
责任编辑：张一梅
责任校对：孙国靖  龙  雪
责任印制：张  凯
出版发行：人民交通出版社股份有限公司
地    址：(100011)北京市朝阳区安定门外外馆斜街3号
网    址：http://www.ccpcl.com.cn
销售电话：(010)59757973
总 经 销：人民交通出版社股份有限公司发行部
经    销：各地新华书店
印    刷：北京交通印务有限公司
开    本：787×1092  1/16
印    张：12.75
字    数：293千
版    次：2021年10月  第1版
印    次：2021年10月  第1次印刷
书    号：ISBN 978-7-114-17591-6
定    价：35.00元
```

(有印刷、装订质量问题的图书由本公司负责调换)

前言
Preface

本书结合当下公路施工测量快速、高效的测量模式，满足学生对新产品、新技术的认知需求，将实训指导书与职业资格证书——测量工证挂钩，同时也适用于企业职工的职业资格培训教学。教材内容紧跟行业技术的发展，融入新技术、新仪器及行业最新的标准、规范及规程。

本书全面贯彻素质教育思想，注重学生个性与创新精神及实践动手能力的培养，教材内容编写以实用为原则，紧密跟踪我国公路工程测量技术的发展，力求将现代工程测量领域的最新科技成果、技术方法反映出来，注重培养学生分析问题、解决问题的能力，教学内容紧贴生产实际。为了充分体现教材的职业性和实践性，达到基于工作过程导向的教材要求，本书编写选择与企业相同或相似的工作任务为载体，并结合完成工作任务的工作流程来组织教材内容。

参加本书编写工作的有：青海交通职业技术学院何睿华(编写项目二、项目三、项目六)，关春洁(编写项目四、项目五、项目七)，董亚辉(编写项目九、项目十、项目十一)，王强(编写项目八)，林玉婷(编写项目一)。全书由何睿华、关春洁、董亚辉担任主编，王强、林玉婷担任副主编，何睿华负责全书的统稿。

本书在编写时力求做到基本概念准确，各部分内容紧扣培养目标，文字简练、通俗易懂。由于作者水平有限和时间仓促，书中难免有不妥之处，恳请业内专家与广大读者指正，以便后续修改。

作　者
2021 年 8 月

目 录
Contents

项目一　绪论 ·· 1
    任务一　测量学的任务及其作用 ·· 1
    任务二　地球的形状和大小 ·· 2
    任务三　地面点位的表示方法 ··· 3
    任务四　水平面代替水准面的限度 ·· 6
    任务五　测量工作概述 ·· 8
    习题 ··· 10

项目二　水准测量 ·· 11
    任务一　水准测量的原理 ·· 12
    任务二　水准测量的仪器、工具及其使用 ··· 12
    任务三　普通水准测量 ··· 17
    任务四　水准仪的检验与校正 ··· 21
    任务五　电子水准仪 ··· 26
    任务六　水准测量的误差及注意事项 ··· 27
    习题 ··· 29

项目三　角度测量 ·· 31
    任务一　角度测量原理 ··· 31
    任务二　全站仪的认识及基本操作 ··· 32
    任务三　水平角观测 ··· 36
    任务四　竖直角测量 ··· 40
    任务五　全站仪的检验与校正 ··· 42
    任务六　角度测量的误差 ·· 46
    习题 ··· 47

项目四　距离测量与直线定向 ·· 49
    任务一　钢尺量距 ··· 49
    任务二　全站仪测距 ··· 54
    任务三　直线定向 ··· 57
    任务四　罗盘仪的构造与使用 ··· 58
    习题 ··· 59

项目五　GNSS 测量技术 ·· 61
任务一　GNSS 导航系统 ·· 61
任务二　GNSS 定位基本概念 ··· 64
任务三　GNSS-RTK 测量 ·· 68
任务四　GNSS 主要误差来源 ··· 74
习题 ··· 76

项目六　测量误差 ··· 77
任务一　测量误差基本知识 ·· 77
任务二　衡量精度的标准 ··· 80
任务三　误差传播定律及其应用 ··· 82
任务四　等精度直接观测平差 ··· 83
习题 ··· 84

项目七　小区域控制测量 ··· 86
任务一　控制测量及其等级 ·· 86
任务二　导线测量 ··· 89
任务三　交会法定点 ·· 99
任务四　全站仪导线测量 ·· 102
任务五　三四等水准测量 ·· 113
习题 ·· 118

项目八　地形图测绘与应用 ··· 120
任务一　地形图的基本知识 ··· 120
任务二　地物和地貌在图上的表示方法 ··· 126
任务三　地形图测绘 ··· 133
任务四　全站仪数字化测图 ··· 135
任务五　地形图的应用 ·· 137
习题 ·· 140

项目九　道路中线测量 ·· 141
任务一　道路中线的表达 ··· 141
任务二　选(定)线测量 ··· 143
任务三　平曲线的测设 ·· 151
任务四　缓和曲线的测设 ··· 155
任务五　其他情况时平曲线的测设 ·· 162
任务六　平面线形的组合形式 ·· 164
习题 ·· 167

项目十　路线的纵、横断面测量 ·· 168
任务一　认识路线的纵、横断面 ·· 168

任务二　路线纵断面地面线测量 …………………………………………………… 170
　　任务三　路线的纵断面底图绘制 …………………………………………………… 175
　　任务四　路线横断面地面线测量 …………………………………………………… 176
　　任务五　道路横断面图绘制 ………………………………………………………… 180
　　习题 ……………………………………………………………………………………… 181
项目十一　公路施工测量 ………………………………………………………………… 182
　　任务一　公路施工放样的任务 ……………………………………………………… 182
　　任务二　公路中线施工放样 ………………………………………………………… 184
　　任务三　路基横断面施工放样 ……………………………………………………… 189
　　任务四　纵断面的施工放样 ………………………………………………………… 193
　　习题 ……………………………………………………………………………………… 194
参考文献 …………………………………………………………………………………… 195

项目一 绪论

1. 掌握工程测量的基本概念、任务和作用。
2. 理解水准面、大地水准面、地理坐标系、独立平面直角坐标系、高斯平面直角坐标系、绝对高程、相对高程和高差的概念。
3. 了解用水平面代替水准面的限度、测量工作的组织原则和程序。

重点 测量上平面直角坐标系和数学平面直角坐标系的异同,测量工作的组织原则和程序。

难点 大地水准面、高斯平面直角坐标系的概念,地面上点位的确定方法。

任务一 测量学的任务及其作用

测量学是研究地球的形状和大小以及确定地面(包括空中、地下和海底)点位的科学,是研究对地球整体及其表面和外层空间中的各种自然和人造物体上与地理空间分布有关的信息进行采集处理、管理、更新和利用的科学和技术,即确定空间点的位置及其属性关系。其内容包括测定和测设两部分。测定是指使用测量仪器和工具,通过测量和计算,得到一系列测量数据或成果,将地球表面的地形缩绘成地形图,供经济建设、规划设计、国防建设及科学研究使用;测设是指用一定的测量方法,按照一定的精度,把设计图纸上规划设计好的建(构)筑物的平面位置和高程标定在实地上,作为施工的依据。

按照研究范围和对象的不同,测量学可分为大地测量学、普通测量学、摄影测量学、海洋测量学、工程测量学及地图制图学等。本书主要介绍普通测量学及部分工程测量学的内容,以便能为土木工程、土地管理、房地产开发、城镇规划与建筑设计等提供测量专业服务。

测量学是一门历史悠久的科学。我国古代就发明了指南针、浑天仪等测量仪器,为天文、航海及测绘地图作出了重要的贡献。

随着人类社会需求和近代科学技术的发展,测绘技术已由常规的大地测量发展到空间卫星大地测量,由航空摄影测量发展到航天遥感技术的应用;测量对象由地球表面扩展到空间星球,由静态发展到动态;测量仪器已趋向精密化、电子化和自动化。新中国成立70多年来,我国测绘事业得到了蓬勃发展,在天文大地测量、人造卫星大地测量、航空摄影与遥感、精密工程测量、近代平差计算、测量仪器研制及测绘人才培养等方面,都取得了令人鼓舞的成就。

测量技术是了解自然和改造自然的重要手段,也是国民经济建设中一项基础性、前期和超前期的工作,应用十分广泛。它能为城镇规划、市政工程、土地与房地产开发、农业、防灾等领域提供各种比例尺的现状地形图或专用图等测绘资料;能按照规划设计部门的要求,进行道路规划定线、拨地测量以及各种土木工程的勘察测量,直接为建设工程项目的设计与施工服务;在工程施工过程和运营管理阶段,对高层、大型建(构)筑物进行沉降、位移、倾斜等变形观测,为建(构)筑物结构和地基基础的研究提供多种可靠的测量数据。所以,测量工作将直接关系到工程的质量和预期效益的实现,是我国现代化建设不可缺少的一项重要工作。

此外,测量学在国防建设和科学研究中也发挥着十分重要的作用。军事地图的制作、空间武器和人造卫星的发射,都必须依靠准确和全面的测绘与计算;空间科学技术的研究、地壳的形变、地震预报及地极周期性运动的研究等,都要应用测绘资料。随着测绘科技的发展和新技术的研究开发与应用,各个行业必将得到更多、更好、更及时的信息服务与准确、适用的测绘成果。

任务二 地球的形状和大小

测量工作是在地球的自然表面上进行的,而地球自然表面很不规则,既有高达8848.86m的珠穆朗玛峰,也有深至11022m的马里亚纳海沟。尽管它们高低起伏悬殊,但与半径为6371km的地球比较,还是可以忽略不计的。

此外,海洋面积约占地球表面总面积的71%,陆地面积仅占29%。因此,人们设想以一个静止不动的水面向陆地延伸,形成一个闭合的曲面包围整个地球,称这个闭合曲面为水准面。水准面有无数个,其中通过平均海水面的一个水准面称为大地水准面。大地水准面是测量工作的基准面。由大地水准面所包围的地球形体称为大地体,如图1-1a)所示。

水准面是受地球重力影响而形成的,其特点是水准面上任意一点的铅垂线(重力作用线)都垂直于该点的曲面。由于地球内部质量分布不均匀,重力也受其影响,故引起了铅垂线方向的改变,致使大地水准面成为一个有微小起伏的复杂曲面,如图1-1b)所示。若将地球表面的图形投影到这个复杂曲面上,则其地形绘图或测量计算工作都是非常困难的。为此,人们经过几个世纪的观测和推算,选用一个既非常接近大地体,又能用数学式表示的规则几何形体来代表地球的形状。该几何形体是由一个椭圆NWSE绕其短轴NS旋转而成的形体,称为地球椭球或旋转椭球,如图1-1c)所示。

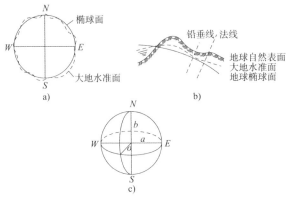

图1-1 大地水准面与地球椭球
a)大地体;b)大地水准面;c)地球椭圆

地球椭球的形状和大小取决于椭圆的长半径 a、短半径 b 及扁率 α，其关系式为：

$$\alpha = \frac{a-b}{a} \tag{1-1}$$

我国目前采用的地球椭球元素数据为：$a=6378140\text{m}$，$b=6356755\text{m}$，$\alpha=1:298.257$，并以陕西省泾阳县永乐镇某点为大地原点，进行了大地定位，由此建立了新的全国统一坐标系，即目前使用的"1980 年国家大地坐标系"。

由于地球椭球的扁率 α 很小，当测区面积不大时，可以把地球当作圆球来看待，其圆球半径 $R=(2a+b)/3$，R 的近似值可取 6371km。

任务三　地面点位的表示方法

测量工作的实质是确定地面点的位置，而地面点的空间位置需要用三维表示，通常是用二维的平面(或球面)坐标和一维的高程来表示。因此，必须首先了解测量的坐标系统和高程系统。

一、坐标系统

表示地面点位在地球椭球面或投影在水平面上的位置，通常有下列三种坐标系统。

1. 地理坐标

地理坐标表示地面点在球面(水准面)上的位置，用经度和纬度表示。按照基准面和基准线及求算坐标方法的不同，地理坐标又分为天文地理坐标和大地地理坐标两种。

图 1-2 所示为天文地理坐标，它表示地面点 A 在大地水准面上的位置，用天文经度和天文纬度表示。天文经度和天文纬度是用天文测量的方法直接测定的。

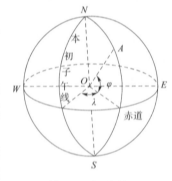

图 1-2　地理坐标

大地地理坐标表示地面点在地球椭球面上的位置，用大地经度 L 和大地纬度 B 表示。大地经度和大地纬度则根据大地测量所得数据推算求得。经度是从本初子午线(本初子午面)向东或向西自 $0°$ 起算至 $180°$，向东者为东经，向西者为西经；纬度是从赤道(赤道面)向北或向南自 $0°$ 起算至 $90°$，分别称为北纬和南纬。我国国土均在北纬。例如，西宁市中心区的大地地理坐标为东经 $101°45'$，北纬 $36°37'$。

2. 高斯平面直角坐标

上述地理坐标只能确定地面点在大地水准面或地球椭球面上的位置，不能直接用来测图。测量上的计算最好在平面上进行，而地球椭球面是一个曲面，不能简单地展开成平面，应按照一定的方法建立其平面直角坐标系，我国是采用高斯投影来实现的。

高斯投影首先是将地球按经线分为若干带，称为投影带。它从本初子午线开始，自西向东每隔 $6°$ 划为一带，每带均有统一编排的带号，用 N 表示，位于各投影带中央的子午线称为中央子午线(L_0)；也可由东经 $1°30'$ 开始，自西向东每隔 $3°$ 划为一带，其带号用 n 表示，如图 1-3 所示。我国国土所属范围为 $6°$ 带的第 13 号带至第 23 号带，即带号 $N=13\sim23$。相应地,在3°带中为第24号带至第46号带,即带号 $n = 24 \sim 46$。

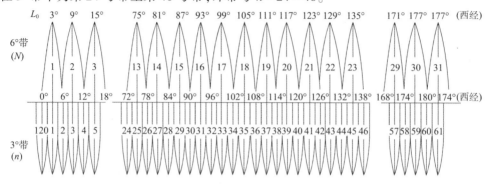

图1-3 投影分带与6°带/3°带

6°带中央子午线经度 $L_0 = 6N - 3$,3°带中央子午线经度 $L'_0 = 3n$。例如,西宁市处于东经 $101°45'$,它属于6°带的第17号带,即 $N = (101°45' + 3°)/6° = 17$(取整),相应6°带的中央子午线经度 $L_0 = 6N - 3 = 6 \times 17 - 3 = 99°$,它属于3°带的第40号带,即 $n = 101°45'/3° = 33$(取整),相应3°带的中央子午线经度 $L'_0 = 3n = 3° \times 33 = 99°$。

设想将一个横圆柱体套在椭球外面,使横圆柱的轴心通过椭球的中心,并与椭球面上某投影带的中央子午线相切,然后将中央子午线附近(本带东、西边缘子午线构成的范围)椭球面上的点、线投影到横圆柱面上,如图1-4所示。再顺着过南北极的母线将圆柱面剪开,并展开为平面,这个平面称为高斯投影平面。在高斯投影平面上,中央子午线和赤道的投影是两条相互垂直的直线。

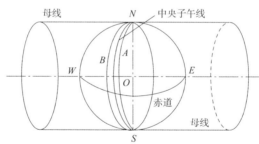

图1-4 高斯平面直角坐标的投影

一般规定中央子午线的投影为高斯平面直角坐标系的 x 轴,赤道的投影为高斯平面直角坐标系的 y 轴,两轴交点为坐标原点,并令 x 轴上原点以北为正,y 轴上原点以东为正,由此建立了高斯平面直角坐标系,如图1-5a)所示。

在图1-5a)中,地面点 A、B 在高斯平面上的位置,可用高斯平面直角坐标 x、y 来表示。由于我国国土全部位于北半球(赤道以北),故我国国土上全部点位的 x 坐标值均为正值,而 y 坐标值则有正有负。为了避免 y 坐标值出现负值,我国规定将每带的坐标原点向西移500km,如图1-5b)所示。由于各投影带上的坐标系是采用相对独立的高斯平面直角坐标系,为了能正确区分某点所处投影带的位置,规定在横坐标 y 值前面冠以投影带带号。例如,在图1-5a)中,B 点位于高斯投影6°带的第20号带内($N = 20$),其真正横坐标 $y_b = -124625.723$m,按照上述规定,y 值应改写为 $y_b = 20(-124625.723 + 500000)$m $= 20375374.277$m。

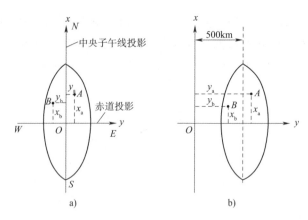

图1-5 高斯平面直角坐标系

高斯投影是正形投影,一般只需将椭球面上的方向、角度及距离等观测值经高斯投影的方向改化和距离改化后,归化为高斯投影平面上的相应观测值,然后在高斯平面坐标系内进行平差计算,从而求得地面点位在高斯平面直角坐标系内的坐标。

3. 独立平面直角坐标

当测量范围较小时(如半径不大于10km的范围),可以将该测区的球面看作平面,直接将地面点沿铅垂线方向投影到水平面上,用平面直角坐标来表示该点的投影位置。在实际测量中,一般将坐标原点选在测区的西南角,使测区内的点位坐标均为正值(第一象限),并以该测区的子午线(或磁子午线)的投影为 x 轴,向北为正,与之相垂直的为 y 轴,向东为正,由此建立了该测区的独立平面直角坐标系,如图1-6所示。

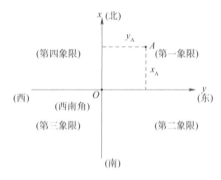

上述三种坐标系是以不同的方式来表示地面点的平面位置,它们之间是相互联系的。例如地理坐标与高斯平面直角坐标之间可以互相换算,独立平面直角坐标也可与高斯平面直角坐标(国家统一坐标系)之间连测和换算。

图1-6 独立平面直角坐标系

二、高程系统

新中国成立以来,我国曾以青岛验潮站多年的观测资料求得黄海平均海水面,作为我国的大地水准面(高程基准面),由此建立了"1956年黄海高程系",并在青岛市观象山上建立了国家水准基点,基点高程 $H=72.289\mathrm{m}$。以后,随着几十年来验潮站观测资料的积累与计算,更加精确地确定了黄海平均海水面,于是在1987年启用"1985国家高程基准",此时测定的国家水准基点高程 $H=72.260\mathrm{m}$。根据《国家测绘局关于启用"1985国家高程基准"及国家一等水准网成果有关技术问题的通知》(国测发〔1987〕365号),此后全国都应以"1985国家高程基准"作为统一的国家高程系统。在实际测量中,特别要注意高程系统的统一。

地面点的高程分为绝对高程(海拔)和相对高程两种。地面点的绝对高程就是地面点到大地水准面的铅垂距离,通常称为该点的高程,一般用 H 表示。例如,在图1-7中,地面点 A、

B 的高程分别为 H_A、H_B。在个别的测区,若远离已知国家高程控制点或为便于施工,也可以假设一个高程起算面(即假定水准面),此时地面点到假定水准面的铅垂距离称为该点的假定高程或相对高程。在图 1-7 中,A、B 两点的相对高程为 H'_A、H'_B。

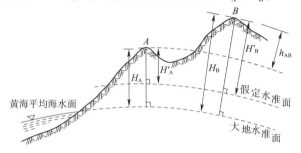

图 1-7 高程和高差

地面上两点间的高程之差称为高差,一般用 h 表示。图 1-7 中 A、B 两点间高差 h_{AB} 为:

$$h_{AB} = H_B - H_A = H'_B - H'_A \tag{1-2}$$

h_{AB} 有正有负,下标 AB 表示 A 点至 B 点的高差。式(1-2)也表明两点间高差与高程起算面无关。

综上所述,通过测量与计算,求得了表示地面点位置的三个量 x、y、H,那么地面点的空间位置也就可以确定了。

任务四　水平面代替水准面的限度

普通测量中是将大地水准面近似地看作圆球面,将地面点投影到圆球面上,然后再投影到平面图纸上描绘,显然这很复杂。在实际测量工作中,在一定的精度要求和测区面积不大的情况下,往往以水平面代替水准面,即把较小一部分地球表面上的点投影到水平面上来决定其位置,这样可以简化计算和绘图工作。

就理论上而言,将极小部分的水准面(曲面)当作水平面是要产生变形的,必然对测量观测值(如距离、高差等)带来影响。但是,由于测量和制图本身会有不可避免的误差,若上述这种影响不超过测量和制图本身的误差范围,则用水平面代替水准面是合理的。本节主要讨论用水平面代替水准面对距离和高差的影响(或称地球曲率的影响),以便给出限制水平面代替水准面的限度。

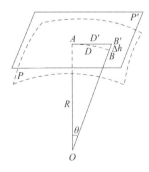

图 1-8 水平面代替水准面的影响

一、对距离的影响

如图 1-8 所示,设球面(水准面)P 与水平面 P' 在 A 点相切,A、B 两点在球面上弧长为 D,在水平面上的距离(水平距离)为 D',即:

$$D = R \cdot \theta \tag{1-3}$$

$$D' = R \cdot \tan\theta \tag{1-4}$$

式中:R——球面 P 的半径;

θ——弧长 D 所对角度。

以水平面上距离 D' 代替球面上弧长 D 所产生的误差为 ΔD,则:

$$\Delta D = D' - D = R(\tan\theta - \theta) \tag{1-5}$$

将式(1-5)中 $\tan\theta$ 按级数展开,并略去高次项,得:

$$\tan\theta = \theta + \frac{1}{3}\theta^3 + \frac{2}{15}\theta^5 + \cdots$$

因此

$$\Delta D = R\left[\left(\theta + \frac{1}{3}\theta^3 + \frac{2}{15}\theta^5 + \cdots\right) - \theta\right] = R \cdot \frac{1}{3}\theta^3 \tag{1-6}$$

以 $\theta = D/R$ 代入式(1-2),得:

$$\Delta D = \frac{D^3}{3R^2} \tag{1-7}$$

$$\frac{\Delta D}{D} = \frac{1}{3}\left(\frac{D}{R}\right)^2 \tag{1-8}$$

若取地球平均曲率半径 $R = 6371\text{km}$,并以不同的 D 值代入式(1-7)或式(1-8),则可得出距离误差 ΔD 和相应相对误差 $\Delta D/D$,见表1-1。

水平面代替水准面的距离误差和相对误差　　　　　表1-1

距离 D(km)	距离误差 ΔD(mm)	相对误差 $\Delta D/D$
10	8	1/1220000
25	128	1/200000
50	1026	1/49000
100	8212	1/12000

由表1-1可知,当距离为10km时,用水平面代替水准面(球面)所产生的距离相对误差为1/1220000,这样小的距离误差就是在地面上进行最精密的距离测量也是允许的。因此,可以认为在半径为10km的范围内(相当于面积320km²),用水平面代替水准面所产生的距离误差可忽略不计,也就是可不考虑地球曲率对距离的影响。当精度要求较低时,还可以将测量范围的半径扩大到25km(相当于面积2000km²)。

二、对高差的影响

在图1-8中,A、B两点在同一球面(水准面)上,其高程应相等(高差为零)。B点投影到水平面上得B'点,则BB'即为水平面代替水准面产生的高差误差。设$BB' = \Delta h$,则:

$$(R + \Delta h)^2 = R^2 + D^2 \tag{1-9}$$

即:

$$2R\Delta h + \Delta h^2 = D'^2 \tag{1-10}$$

$$\Delta h = \frac{D'^2}{2R + \Delta h} \tag{1-11}$$

式(1-11)中,可以用 D 代替 D',同时 Δh 与 $2R$ 相比可略去不计,则:

$$\Delta h = \frac{D^2}{2R} \tag{1-12}$$

以不同的 D 代入式(1-12),取 $R = 6371\text{km}$,则得相应的高差误差值见表1-2。

水平面代替水准面的高差误差　　　　　　　　　表1-2

距离 D(km)	0.1	0.2	0.3	0.4	0.5	1	2	5	10
Δh(mm)	0.8	3	7	13	20	78	314	1962	7848

由表1-2可知，用水平面代替水准面，在1km的距离上高差误差就有78mm，即使距离为0.1km时，高差误差也有0.8mm。所以，在进行水准（高程）测量时，即使很短的距离都应考虑地球曲率对高差的影响。也就是说，应当用水准面作为测量的基准面。

任务五　测量工作概述

测量工作的主要任务是测绘地形图和施工放样。本节扼要介绍测图和放样的大概过程，为学习后面各项任务建立起初步的概念。

一、测量工作的基本原则

地球表面复杂多样的形态，在测量工作中将其分为地物和地貌两大类。地面上固定性物体，如河流、房屋、道路、湖泊等称为地物；地面的高低起伏的形态，如山岭、谷地和陡崖等称为地貌。地物和地貌统称为地形。测绘地形图或放样建筑物位置时，要在某一个点上测绘出该测区全部地形或者放样出建筑物的全部位置是不可能的。施工放样也是如此。但是，任何测量工作都会产生不可避免的误差，故每点（站）上的测量都应采取一定的程序和方法，遵循测量的基本原则，以防误差积累，保证测绘成果的质量。

因此，在实际测量工作中应当遵守以下基本原则：
(1) 在测量布局上，应遵循"由整体到局部"的原则。
(2) 在测量精度上，应遵循"由高级到低级"的原则。
(3) 在测量程序上，应遵循"先控制后碎部"的原则。
(4) 在测量过程中，应遵循"随时检查，杜绝错误"的原则。

二、控制测量

遵循"先控制后碎部"的测量原则，就是先进行控制测量，测定测区内若干个具有控制意义的控制点的平面位置（坐标）和高程，作为测绘地形图或施工放样的依据。控制测量分为平面控制测量和高程控制测量。平面控制测量的形式有导线测量、三角测量及交会定点等，其目的是确定测区中一系列控制点的坐标（x、y）；高程控制测量的形式有水准测量、光电测距三角高程测量等，其目的是测定各控制点间的高差，从而求出各控制点高程 H。

三、碎部测量

在控制测量的基础上，就可以进行碎部测量。碎部测量就是以控制点为依据，测定控制点至碎部点（地形的特征点）之间的水平距离、高差及其相对于某一已知方向的角度，来确定碎部点的位置。运用碎部测量的方法，在测区内测定一定数量的碎部点位置后，按一定的比例尺将这些碎部点位标绘在图纸上，绘制成图。

四、施工放样

施工放样（测设）是把设计图上建（构）筑物位置在实地标定出来，作为施工的依据。为了使地面定出的建（构）筑物位置成为一个有机联系的整体，施工放样同样需要遵循"先控制后碎部"的基本原则。施工放样常用的方法为极坐标法，此外还有直角坐标法、方向（角度）交会法和距离交会法等。

由于施工控制网是一个整体，并具有相应的精度和密度，因此不论建（构）筑物的范围有多大，由各个控制点放样出的建（构）筑物各个点位位置，也必将联系为一个整体。

同样，根据施工控制网点的已知高程和建筑物的图上设计高程，可用水准测量方法测设出建（构）筑物的实地设计高程。

五、测量的基本工作

综上所述，控制测量和碎部测量以及施工放样等，其实质都是为了确定点的位置。碎部测量是将地面上的点位测定后标绘到图纸上或为用户提供测量数据与成果，而施工放样则是把设计图上的建（构）筑物点位测设到实地上，作为施工的依据。可见，所有要测定的点位都离不开距离、角度及高差这三个基本观测量。因此，距离测量、角度测量和高差测量（水准测量）是测量的三项基本工作。土木工程类各专业的工程技术人员应当掌握这三项基本功。

六、测量的度量单位

1. 长度单位

1m = 10dm = 100cm = 1000mm，1km = 1000m。

2. 面积、体积单位

面积单位是 m^2，大面积则用 hm^2（公顷）或 km^2 表示。在农业上常用市亩为面积单位。

$1hm^2 = 10000m^2 = 15$ 市亩，$1km^2 = 100hm^2 = 1500$ 市亩，1 市亩 $= 666.67m^2$。

体积单位为 m^3，在工程上简称"立方"或"方"。

3. 角度单位

测量上常用的角度单位有度分秒制和弧度制。

（1）度分秒制。

1 圆周 $= 360°$，$1° = 60'$，$1' = 60''$。

（2）弧度制。

弧长等于圆半径的圆弧所对的圆心角称为一个弧度，用 ρ 表示。因此，整个圆周为 2π 弧度。弧度与角度的关系为：

$$\rho = \frac{180°}{\pi} \tag{1-13}$$

则一个弧度对应的秒值为：

$$\rho'' = \frac{180°}{\pi} \times 60 \times 60 \approx 206265''$$

在测量工作中，有时需要按圆心角 β 及半径 R 计算该圆心角所对的弧长 L，则：

$$L = \frac{\beta}{\rho} \cdot R = \frac{\beta \cdot \pi}{180°} \cdot R \qquad (1\text{-}14)$$

习题

1. 何谓大地水准面？它有什么特点和作用？
2. 测定与测设有何区别？
3. 何谓绝对高程、相对高程及高差？
4. 为什么高差测量(水准测量)必须考虑地球曲率的影响？
5. 测量上的平面直角坐标系和数学上的平面直角坐标系有什么区别？
6. 何谓高斯投影？高斯平面直角坐标系是怎样建立的？
7. 已知某点位于高斯投影6°带第20号带，若该点在该投影带高斯平面直角坐标系中的横坐标 $y = -306579.210\text{m}$，求出该点不包含负值且含有带号的横坐标 y 及该带的中央子午线经度 L_0。
8. 某宾馆首层室内地面 ±0.000 的绝对高程为 45.300m，室外地面设计高程为 -1.500m，女儿墙设计高程为 +88.200m，问室外地面和女儿墙的绝对高程分别为多少？
9. 如图1-9所示，$AB = 100\text{m}$，弧 $BC = 1.75\text{m}$，试求弧 BC 所对的角度 β。

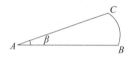

图1-9 角度计算

项目二
水准测量

 知识目标

1. 了解水准测量原理和水准仪基本构造。
2. 掌握水准仪的使用方法、水准测量的施测方法和内业计算。
3. 了解水准仪基本检验和校正、水准测量误差影响。

 能力目标

1. 会正确使用水准仪进行高差测量。
2. 能完成水准路线测量并进行数据处理工作。

 素质目标

1. 具备吃苦耐劳、爱岗敬业的精神,良好的职业道德与法律意识。
2. 具备良好的人际沟通、团队协作能力。
3. 具备良好的自我管理与约束能力。

重点 水准测量的原理、水准仪的技术操作、水准测量误差的影响因素。

难点 水准路线的布设形式及施测程序、水准测量内业数据整理。

高程测量是确定地面点高程的测量工作。一点的高程一般是指这点沿铅垂线方向到大地水准面的距离,又称海拔或绝对高程。

测量高程通常采用的方法有水准测量、三角高程测量和气压高程测量;偶尔也采用流体静力水准测量方法,主要用于越过海峡传递高程。例如欧洲水准网中,包括英法之间,以及丹麦和瑞典之间的流体静力水准联测路线。

水准测量是测定两点间高差的主要方法,也是最精密的方法,主要用于建立国家或地区的高程控制网。

三角高程测量是确定两点间高差的简便方法,不受地形条件限制,传递高程迅速,但精度低于水准测量,主要用于传算大地点高程。

气压高程测量是根据大气压力随高度变化的规律,用气压计测定两点的气压差,推算高程的方法,其精度低于水准测量、三角高程测量,主要用于丘陵地和山区的勘测工作。

任务一　水准测量的原理

水准测量的原理是利用一条水平视线,并借助于竖立在地面点上的标尺,来测定地面上两点之间的高差,然后根据其中一点的高程来推算出另外一点高程。除了国家等级的水准测量之外,还有普通水准测量。它采用的仪器为水准仪,测算手续也比较简单,广泛用于国家等级的水准网内的加密,或独立地建立测图和一般工程施工的高程控制网,以及用于线路水准和面水准的测量工作。

如图 2-1 所示,利用水准仪给出的水平视线,在两点立尺得到水平读数。已知 A 点的高程为 H_A,只要能测出 A 点至 B 点的高程之差(简称高差 h_{AB}),则 B 点的高程 H_B 就可用下式计算求得:

$$H_B = H_A + h_{AB} \tag{2-1}$$
$$h_{AB} = 后视读数 - 前视读数 = a - b \tag{2-2}$$

则:

$$H_B = H_A + (a - b) \tag{2-3}$$

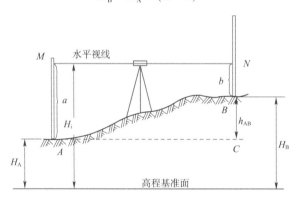

图 2-1　水准测量原理示意图

有时安置一次仪器须测算出较多点的高程,可先求出水准仪的视线高程,然后再分别计算各点高程。从图 2-1 中可以看出:

视线高程　　　　　　　　　　$H_i = H_A + a$ 　　　　　　　　　　(2-4)

则 B 点高程　　　　　　　　　$H_B = H_i - b$ 　　　　　　　　　　(2-5)

要测算地面上两点间的高差,所依据的就是一条水平视线。如果视线不水平,上述公式不成立。因此,视线水平是水准测量中要牢牢记住的操作要领。

任务二　水准测量的仪器、工具及其使用

水准测量所使用的仪器为水准仪,工具为水准尺和尺垫。水准仪按其精度可分为 DS05、DS1、DS2、DS3 和 DS10 等几个等级。代号中的"D"和"S"是"大地"和"水准仪"汉语拼音的第一个字母,其下标数值意义为:仪器本身每千米往返测高差中数能达到的精度,以毫米计。工程测量一般使用 DS3 级水准仪。

一、自动安平水准仪的构造

如图2-2所示,自动安平水准仪主要由望远镜、水准器和基座组成。自动安平水准仪是指在一定的竖轴倾斜范围内,利用补偿器自动获取视线水平时水准标尺读数的水准仪。其采用自动安平补偿器代替管状水准器,在仪器微倾时补偿器受重力作用而相对于望远镜筒移动,使视线水平时标尺上的正确读数通过补偿器后仍然落在水平十字丝上。相对于传统的微倾式水准仪,用自动安平水准仪观测时,当圆水准器气泡居中仪器放平之后,不需再经手工调整即可读得视线水平时的读数。其优点是简化操作手续,提高作业速度,以减少外界条件变化所引起的观测误差。

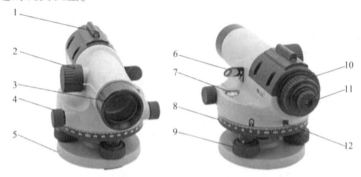

图2-2 自动安平水准仪构造

1-光学粗瞄准;2-调焦手轮;3-物镜;4-水平循环微动手轮;5-球面基座;6-水泡观察器;7-圆水泡;8-度盘;9-脚螺钉手轮;10-目镜罩;11-目镜;12-度盘指示牌

1. 望远镜

水准仪的望远镜是用来瞄准水准尺并读数的,主要由物镜、目镜、对光螺旋和十字丝分划板组成,如图2-3所示。当目标处在不同距离时,可调节对光螺旋,带动凹透镜使成像始终落在十字丝分划板上。这时,十字丝和物象同时被目镜放为虚像,以便观测者利用十字丝来瞄准目标。当十字丝的交点瞄准到目标的某一点时,该目标点即在十字丝交点与物镜光心的连线上,这条线称为视准轴,又称视线。十字丝分划板是用刻有纵贯十字丝的平面玻璃制成,装在十字丝环上,再固定在望远镜筒内。

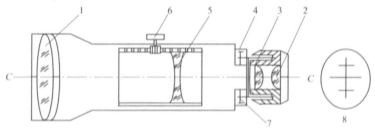

图2-3 望远镜构造示意图

1-物镜;2-目镜;3-十字丝分划板;4-分划板护罩;5-对光透镜;6-物镜对光螺旋;7-分划板固定螺钉;8-十字丝

2. 水准器

自动安平水准仪用自动安平补偿器代替管状水准器,因此自动安平水准仪只有一个圆水准器。

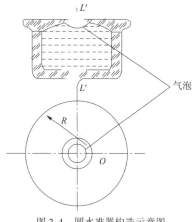

图 2-4 圆水准器构造示意图

圆水准器是由玻璃制成,呈圆柱状,如图 2-4 所示。里面装有酒精和乙醚的混合液,其上部的内表面为半径为 R 的圆球面,中央刻有一个小圆圈。它的圆心 O 是圆水准器的零点,通过零点和球心的连线(O 点的法线)$L'L'$,称为圆水准器轴。当气泡居中时,圆水准器轴即处于铅垂位置。

3. 基座

基座的作用是用来支撑仪器的上部,并通过架头连接螺旋将仪器与三脚架连接。基座有三个可以升降的脚螺旋,转动脚螺旋可以使圆水准器的气泡居中,将仪器粗略整平。

4. 技术参数

各等级水准仪的基本结构大致相同,但是,对仪器的技术参数要求是不同的,等级越高,要求越严格。不同等级水准仪的主要技术参数见表 2-1。

不同等级水准仪的主要技术参数　　　　　　　　表 2-1

技术参数名称		水准仪型号		
		DS05	DS1	DS3
每千米往返平均高差中误差(mm)		0.5	≤1	≤3
望远镜放大率(倍)		≥40	≥40	≥30
望远镜有效孔径(mm)		≥60	≥50	≥42
管状水准器格值(″/2mm)		10	10	20
测微器有效量测范围(mm)		5	5	
测微器最小分格值(mm)		0.05	0.05	
自动安平水准仪补偿性能	补偿范围(′)	±8	±8	±8
	安平精度(″)	±0.1	±0.2	±0.5
	安平时间不长于(s)	2	2	2

二、水准尺和尺垫

水准尺是与水准仪配合进行水准测量的工具,由干燥的优质木材、玻璃钢或铝合金等材料制成。常用的水准尺有双面尺和塔尺两种,如图 2-5 所示。

塔尺一般用在等外水准测量,其长度有 2m 和 5m 两种,可以伸缩,尺面分划为 1cm 和 0.5cm 两种,每分米处注有数字,每米处也注有数字或以红黑点表示数值,尺底为零。

双面水准尺多用于三、四等水准测量,其长度为 3m,为不能伸缩和折叠的板尺,且两根尺为一对,尺的两面均有刻划,尺的正面是黑色注记,反面为红色注记,故又称红黑面尺。黑面的底部都从零开始,而红面的底部一般是一根为 4.687m,另一根为 4.787m。

尺垫为一个三角形的铸铁(也有用较厚铁皮制作的),上部中央有一凸起的半球体,如图 2-6 所示。

为保证在水准测量过程中转点的高程不变,需将水准尺放在半球体的顶端。

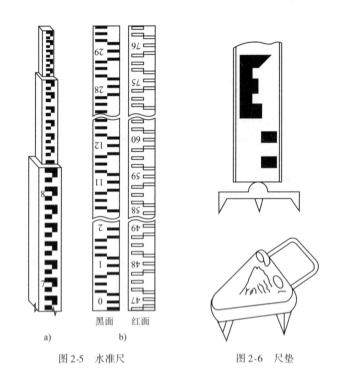

图 2-5 水准尺　　　　　图 2-6 尺垫

三、自动安平水准仪的使用

1. 使用基本程序

水准仪在一个测站上使用的基本程序为安置仪器、整平、瞄准水准尺和读数。

(1) 安置仪器。

在要架设仪器的地方,打开三脚架,三个脚尖大致等距,同时要注意三脚架的张角和高度要适宜,且应保持架面尽量水平,顺时针转动脚架下端的翼形手把,可将伸缩腿固定在适当的位置。脚尖要牢固地插入地面,并保持三脚架在测量过程中稳定可靠。

将仪器小心地放置在三脚架上,然后用中心螺旋手把将仪器固定使之牢靠。

(2) 整平。

转动望远镜,使视准轴平行(或垂直)于任意两个脚螺旋的连线,然后以相反方向同时旋转该两个脚螺旋,使气泡移至两螺旋的中心线上,最后,转动第三个脚螺旋使圆水准器气泡居中,如图 2-7 所示。

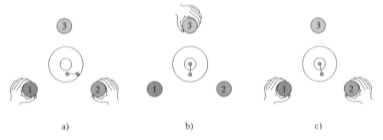

图 2-7　圆水准器气泡居中操作示意图
a) 气泡向左移动；b) 气泡向上移动；c) 气泡向中心移动

在整平的过程中,气泡的移动方向与左手大拇指的转动方向始终一致,称为"左手大拇指原则"。

(3)瞄准水准尺。

整平后,即可用望远镜瞄准水准尺,基本操作步骤如下:

①目镜对光。将望远镜对向较明亮处,转动目镜对光螺旋,将十字丝调至最清晰为止。

②初步照准。放松照准部的制动螺旋,利用望远镜上部的照门和准星,对准水准尺,然后拧住制动螺旋。

③物镜对光。转动望远镜物镜对光螺旋,直至看清水准尺刻划,再转动水平微动螺旋,使十字丝竖丝处于水准尺一侧,完成水准尺的照准。

④消除视差。由于人眼的分辨能力不高,往往在像平面与十字丝平面还没有严格重合时就误以为像是最清晰了。这样就产生了视差而影响读数精度。为了检查并消除视差,当照准目标时,眼睛在目镜处上下移动,若发现十字丝和尺像有相对移动,则说明存在视差,如图2-8a)所示。它将影响读数的精确性,必须加以消除。其方法是再仔细反复调节对光螺旋,直至尺像与十字丝分划板平面重合为止,即当眼睛在目镜处上下移动时,十字丝和尺像没有相对移动,如图2-8b)所示。

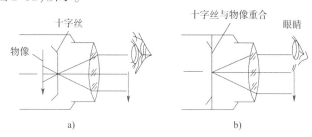

图2-8 视差
a)存在视差;b)没有视差

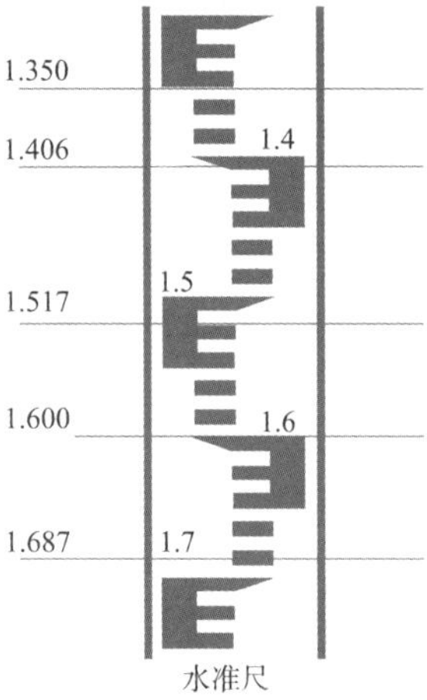

(4)读数。

此时,应迅速用十字丝中丝在水准尺上截取读数。由于水准仪型号不同,导致望远镜有的成正像,有的成倒像。在读数时无论成倒像还是成正像,都应从小数往大数的方向读。即若望远镜成正像应从下往上读;反之,若望远镜成倒像则应从上往下读。在读数时,一般应先估读毫米,再读米、分米、厘米,如图2-9所示。读数后,还需要检查一下气泡是否移动了,若有偏离需调平后再重新读取整个测站读数。

2.注意事项

(1)水准仪放置在三脚架上时,一定要用连接螺旋将水准仪固定,同时三脚架也应该安放稳固。

图2-9 水准尺读数示意图

(2)水准仪在工作的过程中,要尽量避免阳光直接照射。

(3)如果水准仪长时间没有使用,在测量前一定要仔细检查补偿器是否失灵,是否可转动脚螺旋,如警告指示窗两端分别出现红色,反转脚螺旋时窗口内红色能够消除并出现绿色,说明补偿器没有失灵,阻尼器也没有卡死,在这种情况下才可以进行测量。

(4)观测过程中应随时注意望远镜视场中的警告颜色,小窗口中呈绿色时说明自动补偿器处在补偿工作范围内,可以进行测量。如果有任意一端出现红色,这时就需要重新安平水准仪之后再进行观测。

(5)测量结束后,用软毛刷除去水准仪上的灰尘,望远镜的光学零件表面不得用手或硬物直接触碰,以防污损或擦伤。

(6)水准仪使用过后,应该放入仪器箱内,并把仪器箱放置在干燥通风的房间内,避免仪器受潮。

(7)运输水准仪要采取一定的防震防潮措施。如果是长途运输仪器,最好采用外包装箱。

任务三 普通水准测量

一、水准点和水准路线

1. 水准点

水准点是指埋设稳固并通过水准测量测定的高程控制点。按照水准测量精度,水准点可分为一等、二等、三等、四等水准点;按埋设时间长短,水准点分为永久性和临时性两种。

永久性水准点一般采用混凝土制成,顶面嵌入半球形金属标志,如图2-10a)所示;金属顶部高程就是该水准点的高程。水准点标志的埋设地点必须便于长期保存且利于观测与寻找。有时永久性水准点金属标志也可以直接埋设在坚固稳定的永久性建筑物的墙角上,称为墙上水准点。临时性水准点一般是将大木桩打入地下,在桩顶打入半球状钉子,也可以利用稳固的物体上突出且便于立尺的地方,如图2-10b)所示。

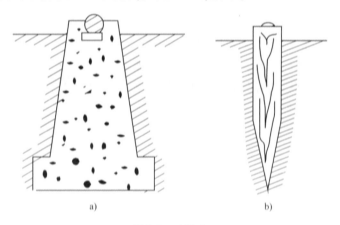

图2-10 水准点
a)永久性水准点;b)临时性水准点

2. 水准路线

水准路线是指在一系列水准点之间进行水准测量所经过的路线。根据测区已有水准点的实际情况,同时保证有足够的测量精度,一般可布设三种水准路线:闭合水准路线、附合水准路线和支水准路线。

1）闭合水准路线

如图2-11a）所示，从已知水准点 BM1 出发，沿各待测高程点 1、2、3、4 进行水准测量，最后又回到原水准点 BM1。这种形成环形的路线，称为闭合水准路线。

2）附合水准路线

如图2-11b）所示，从已知水准点 BM1，出发，沿各待测高程点 1、2、3 进行水准测量，最后附合到另一个水准点 BM2。这种在两个已知水准点之间布设的路线，称为附合水准路线。

3）支水准路线

图2-11c）所示，从已知水准点 BM5 出发，沿各待测高程点 1、2 进行水准测量。这种从一个已知水准点出发到另一个未知点的路线，称为支水准路线。

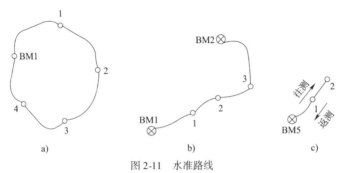

图 2-11 水准路线
a）闭合水准路线；b）附合水准路线；c）支水准路线

二、水准测量的实施

1. 外业工作

水准测量的外业工作涉及两个重要的概念：测站和测段。水准仪和前后视两把水准尺构成一个测站，路线水准测量中相邻两个水准点之间的路线称为测段。测段内各测站之间高程传递的点称为转点，通常用 ZD 或 TP 来表示。

已知高程点与待测高程点之间的距离较远或高差较大时，需要布设多个测站。如图2-12 所示，已知水准点 A 的高程 $H_A = 29.053$m，为了测得 B 点的高程，需要在 AB 测线上布设 5 个测站，观测步骤如下。

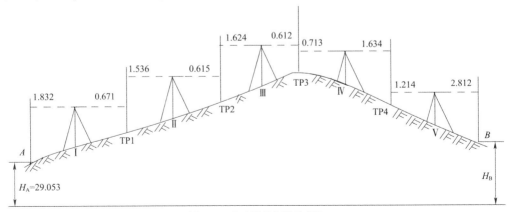

图 2-12 水准测量施测示意图

转点 TP1 布设在距离 A 点适当的位置处,在 A、TP1 两点分别竖立水准尺,同时在距离 A 点和 TP1 点大致相等距离的地方安置水准仪。观测者经过"整平—瞄准—读数"的操作步骤,读取后视水准尺上的读数为 1.832m,照准 TP1 点水准尺,TP1 点前视水准尺上的后视读数为 0.671m,记录者将观测数据记录在表格相应水准尺读数的后视与前视读数栏内,见表 2-2,计算求得该站高差为 1.161m,至此完成了第一站的测量工作。然后将 A 点水准尺安放在适当的位置 TP2 上,保持 TP1 点不动,将水准仪安置在 TP1 和 TP2 之间,同上述方法观测并记录,直至测到 B 点为止。

水准测量记录手簿表　　　　　　　　　　　　　表 2-2

日期:2020 年 4 月 8 日　　　仪器型号:DSz3　　　仪器编号:S3-32

班级:交 00　　　　　　　组别:8　　　　　观测者:××　　　记录者:××

测站	测点	水准尺读数(m)		高差 h(m)		高程 H(m)	备注
		后视(a)	前视(b)	+	-		
1	A	1.832		1.161		29.053(已知)	
	TP1	1.536	0.671			30.214	
2	TP2	1.624	0.615	0.921		31.135	
3	TP3	0.713	0.612	1.012		32.147	
4	TP4	1.214	1.634		0.921	31.226	
5	B		2.812		1.598	29.628	
计算检核	∑	6.919	6.344	3.094	2.519		
	$\sum a - \sum b = \sum h = \sum h_+ + \sum h_- = H_B - H_A = 0.575$						

观测要求如下:
(1)水准仪应安置在离前后视距离大致相等之处。
(2)为及时发现观测中的错误,通常采用"改变仪器高法"或"双面尺法"进行测站检核。
①改变仪器高法:容许值 5mm,取两次高差平均值作为该测站高差的最后结果,否则应重测。
②双面尺法:即在一个测站上,不改变仪器高度,先后用水准尺的黑红面两次测量高差,进行校核,具体限值根据测量精度要求不同而不同。

观测完成后,要进行计算检核,也称为三项检核,即:

$$h_{AB} = \sum a - \sum b \tag{2-6}$$

$$h_{AB} = \sum h_+ + \sum h_- \tag{2-7}$$

$$h_{AB} = H_B - H_A \tag{2-8}$$

2. 内业工作(测量数据处理)
1)计算闭合差
各测段实测高差代数和与其理论值的差值称为高差闭合差。

(1)闭合水准路线:由已知点 BM_A 至已知点 BM_A。

$$高差闭合差 f_h = \sum h_{测} - \sum h_{理} \tag{2-9}$$

(2)附合水准路线:由已知点 BM_A 至已知点 BM_B。

$$高差闭合差 f_h = \sum h_{测} - \sum h_{理} = \sum h_{测} = \sum h_{测} - [H_{B(终)} - H_{A(始)}] \tag{2-10}$$

(3)支水准路线:由已知点 BM_A 至某一待定水准点。

$$高差闭合差 f_h = \sum h_{测} - \sum h_{理} = \sum h_{往} + \sum h_{返} \tag{2-11}$$

2)分配高差闭合差

(1)计算高差闭合差的容许值。

对于普通水准测量:

$$\begin{cases} f_{h容} = \pm 40 \sqrt{L} & (适用于平原区) \\ f_{h容} = \pm 12 \sqrt{n} & (适用于山区) \end{cases} \tag{2-12}$$

区分平原区和山区:每千米测站数是否大于 15。

式中:$f_{h容}$——高差闭合差限差,mm;

L——水准路线长度,km;

n——测站数。

(2)高差闭合差的分配原则。

按与距离 L 或测站数 n 成正比原则,将高差闭合差反号分配到各段高差上。

$$v_i = -\frac{f_h}{\sum L} \cdot L_i \tag{2-13}$$

或

$$v_i = -\frac{f_h}{\sum n} \cdot n_i \tag{2-14}$$

3)计算各待定点高程

用改正后的高差和已知点的高程,来计算各待定点的高程。

$$h_i = h_{i测} + v_i$$

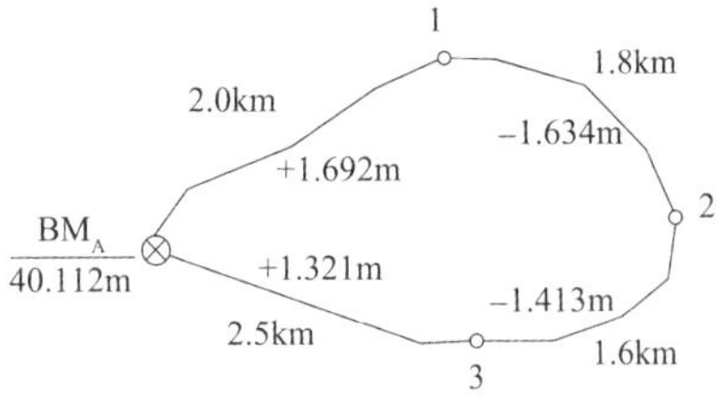

【例 2-1】 图 2-13 所示为一条闭合水准路线的观测成果,试求:(1)高差闭合差 f_h;(2)若 f_h 在误差允许范围内,试求出各点高程。

解:

第一步,计算高差闭合差:

$$f_h = \sum h_{测} - \sum h_{理} = \sum h_{测} = -34(\text{mm})$$

图 2-13 闭合水准路线观测成果图

第二步,计算限差:

$$f_{h容} = \pm 40 \sqrt{7.9} = \pm 112(\text{mm})$$

因为 $f_h < f_{h容}$,可进行闭合差分配。

第三步,计算改正数:

$$v_i = -\frac{f_h}{\sum L} L_i$$

$$v_1 = -\frac{f_h}{\sum L} L_1 = \frac{34}{7.9} \times 2.0 = 9(\text{mm})$$

$$v_2 = -\frac{f_h}{\sum L}L_2 = \frac{34}{7.9} \times 1.8 = 8(\text{mm})$$

$$v_3 = -\frac{f_h}{\sum L}L_3 = \frac{34}{7.9} \times 1.6 = 7(\text{mm})$$

$$v_4 = -\frac{f_h}{\sum L}L_4 = \frac{34}{7.9} \times 2.5 = 10(\text{mm})$$

第四步,计算各段改正后高差后,计算1、2、3各点的高程。

改正后高差 = 实测高差 + 改正数

$H_1 = H_A + (h_1 + v_1) = 40.112 + 1.701 = 41.813(\text{m})$

$H_2 = H_1 + (h_2 + v_2) = 41.813 - 1.626 = 40.187(\text{m})$

$H_3 = H_2 + (h_3 + v_3) = 40.187 - 1.406 = 38.781(\text{m})$

$H_B = H_3 + (h_4 + v_4) = 38.781 + 1.331 = 40.112(\text{m})$

水准测量内业计算表见表2-3。

水准测量内业计算表 表2-3

测 段	点 号	路线长度(km)	实测高差(m)	改正数(mm)	改正后高差(m)	高程(m)
1	BM_A	2.0	+1.692	9	+1.701	40.112
2	1	1.8	-1.634	8	-1.626	41.813
3	2	1.6	-1.413	7	-1.406	40.187
4	3	2.5	+1.321	10	+1.331	38.781
	BM_A					40.112
Σ		7.9	-0.034	+0.034	0	
辅助计算		$f_h = -34\text{mm}$ $f_{h容} = \pm 40\sqrt{7.9} = \pm 112(\text{mm})$				

任务四 水准仪的检验与校正

光学测量仪器的各几何轴线之间是有一定关系的。为保证仪器能正确使用,必须在使用之前对仪器进行检验,对某些不符合要求的条件,应对仪器加以必要的校正,以满足要求。

一、水准仪应满足的条件

1. 水准仪应满足的主要条件

光学水准仪轴线如图2-14所示。

(1)水准管的水准轴应与望远镜的视准轴平行。

(2)望远镜的视准轴不因调焦而变动位置。

第一个主要条件是水准测量基本原理对水准仪的要求,第二个主要条件是为满足第一个主要条件而提出的。如果望远镜在调焦时视准轴位置发生变动,就不能设想在不同位置的许多条

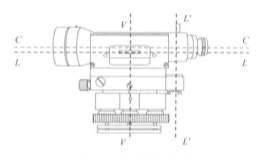

图2-14 光学水准仪轴线
CC-望远镜视准轴;LL-水准管水准轴;$L'L'$-圆水准器水准轴;VV-仪器旋转轴

视线都能够与一条固定不变的水准轴平行。望远镜的调焦在水准测量中是绝不可免的,因此必须提出此项要求。

2. 水准仪应满足的次要条件
(1) 圆水准器的水准轴应与水准仪的旋转轴平行。
(2) 十字丝的横丝应当垂直于仪器的旋转轴。

第一个次要条件的目的在于能迅速地调整好仪器,提高作业速度。第二个次要条件的目的是当仪器旋转轴已经竖直时,那么在水准尺上的读数可以不必严格用十字丝的交点而可以用交点附近的横丝。

二、圆水准器水准轴与仪器旋转轴平行的检验与校正

1. 检验原理

如 VV 与 LL 不平行,当气泡居中时,LL 竖直,则 VV 不竖直。仪器旋转180°,如图2-15所示,LL 将不竖直,即气泡不居中。

2. 检验方法

先用脚螺旋将圆水准器气泡居中,然后将仪器旋转180°,若气泡仍在居中位置,则表明此项条件已得到满足;若气泡有了偏移,则表明条件没有满足。

3. 校正

分别调动三个校正螺钉(图2-16)使气泡向居中位置移动偏离长度的一半;如果操作完全准确,经过校正之后,水准轴将与仪器旋转轴平行。如果此时用脚螺旋将仪器整平,则仪器旋转轴处于竖直状态。

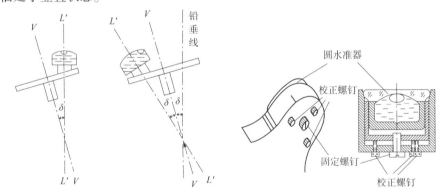

图 2-15 圆水准器轴不平行于竖轴　　图 2-16 圆水准器校正螺钉

三、十字丝横丝与旋转轴垂直的检验与校正

1. 检验方法

用十字丝横丝一端瞄准远处一清晰 A 点,然后用微动螺旋缓慢地旋转望远镜,观察 A 点在视场中的移动轨迹。如果 A 点在横丝上移动,则两者垂直,如图2-17a)所示,如果 A 点不在横丝上移动,则两者不垂直,如图2-17b)所示。

2. 校正

校正工作用固定十字丝环的校正螺钉进行。放松校正螺钉使整个十字丝环转动,让横

丝与所示的虚线位置重合或平行，如图 2-18 所示。

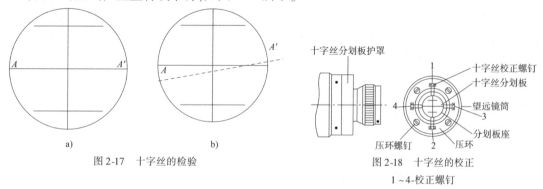

图 2-17　十字丝的检验

图 2-18　十字丝的校正
1～4-校正螺钉

四、望远镜视准轴与水准管水准轴平行的检验和校正

1. 检验 i 角的方法

（1）平坦地上选 A、B 两点，相距约 80m。

（2）在 AB 中点位置架设仪器，读取 a'、b'，如图 2-19a）所示，则：

$$h_{AB正} = a' - b' = (a+x) - (b+x) = a - b \tag{2-15}$$

（3）将仪器放到立尺点 A 附近 C 处，如图 2-19b）所示，此时前后视距不相等，在两尺上读数分别为 a''、b''，A、B 两点的高差 $h'_{AB} = a'' - b''$。

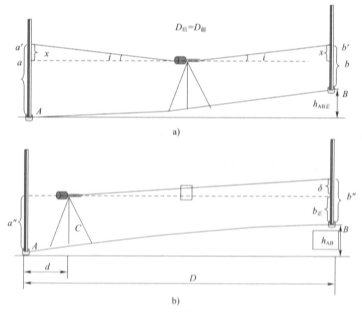

图 2-19　i 角的检验

$h'_{AB} = h_{AB正}$，说明视准轴//水准管轴，没有 i 角误差。

$h'_{AB} \neq h_{AB正}$，说明存在 i 角误差，其值为：

$$i'' = \frac{\Delta h \times \rho''}{D - d} \tag{2-16}$$

式中：$\Delta h = h'_{AB} - h_{AB正}$；

$\rho'' = 206265''$。

【例2-2】 设地面上A、B两点距离100m。当水准仪安置在AB中点时,读数$a_1 = 1.351\text{m}, b_1 = 1.123\text{m}$。将水准仪搬至距$A$点2m处,读数$a_2 = 1.698\text{m}$,读数$b_2 = 1.446\text{m}$。

试求:该仪器的i角大小。

解:

$h_{AB\text{正}} = a_1 - b_1 = 1.351 - 1.123 = 0.228(\text{m})$

$h'_{AB} = a_2 - b_2 = 1.698 - 1.446 = 0.252(\text{m})$

则 $\Delta h = h'_{AB} - h_{AB\text{正}} = 0.024(\text{m})$

代入i角计算公式,则:

$$i' = \frac{\Delta h \times \rho''}{D - d} = \frac{0.024 \times 206265}{100} = 49.5''$$

则:

$$i = \frac{h''_{AB} - h_{AB}}{S''_A - S''_B} \cdot \rho$$

《国家一、二等水准测量规范》(GB/T 12897—2006)和《国家三、四等水准测量规范》(GB/T 12898—2009)规定:

(1)用于一、二等水准测量的仪器i角不得大于15″。

(2)用于三、四等水准测量的仪器i角不得大于20″,否则应进行校正。

2.校正

校正时首先要求出正确的前视读数$b_\text{正}$。

(1)打开仪器目镜后的后罩可看见一(或上下各一)校正螺钉,用校正针校正分划板,使分划板刻度线对准标尺上$b_\text{正}$所指刻划。

(2)反复检查、校正,直到误差小于规定的值为止。

(3)A与B点相距80m视准轴相差5mm之内为合格,不需要校准。

(4)在水准测量施测过程中,可通过使前后视距大致相等来消除i角带来的观测误差。

五、自动安平水准仪补偿器性能的检验

在较平坦地方选择A、B两点,AB长度为100m左右,在A、B点各钉入一木桩,将水准仪置于AB连线的中点,并使两个脚螺旋中心的连线(第1、2脚螺旋)与AB连线方向垂直,如图2-20所示。

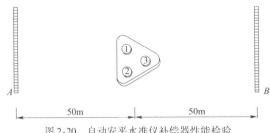

图2-20 自动安平水准仪补偿器性能检验

(1)首先将仪器置平,测出两点间高差h_{AB},作为正确高差。

(2)升高3号脚螺旋,使仪器向上(或下)倾斜,测出高差h_{AB1}。

(3)降低3号脚螺旋,使仪器向下(或上)倾斜,测出高差h_{AB2}。
(4)升高3号脚螺旋,使圆水准器气泡居中。
(5)升高1号脚螺旋,使后视时望远镜向左(右)倾斜,测h_{AB3}。
(6)降低1号脚螺旋,使后视时望远镜向右(左)倾斜,测h_{AB4}。
将所测五个高差相比较,对于普通水准仪,此差数一般应小于5mm。

六、水准尺的检验

1. 一般检视

对水准尺进行一般的查看:弯曲(尺子弯曲度在中心处应小于8mm)、尺上刻划的着色是否清晰、注记有无错误、尺的底部有无磨损等。

2. 水准尺分划的检验

(1)水准尺每米平均真长的测定。

①目的:在于了解水准尺的名义长度与实际长度之差。《国家三、四等水准测量规范》(GB/T 12898—2009)对三、四等水准测量用的区格式木质水准尺,见GB/T 12898—2009表5。

②方法:将水准尺与检验尺相比较。

(2)水准尺分米分划误差的测定。

①目的:检查水准尺的分米分划线位置是否正确,从而审定该水准尺是否允许用于水准测量作业。《国家三、四等水准测量规范》(GB/T 12898—2009)对区格式木质水准尺规定分划线位置的误差不得超过±1.0mm。

②方法:将水准尺与检验尺相比较。

(3)水准尺黑面与红面零点差数的测定。

①目的:一对双面水准尺的红黑面零点的理论差,一个为4687mm,另一个为4787mm,其差如果不正确将影响水准读数。

②方法:安置好水准仪;在距离水准仪约20m处,打一个顶部有球形铁钉的木桩,或放一尺垫;将水准尺竖立在上面。照准水准尺的黑面,精平仪器后读数,然后立即转动水准尺对红面进行读数。两数之差即为红黑面零点差。以不同的仪器高度用同样的方法测定四次,取其平均值即为红黑面零点差,以此测定值作为水准测量时的黑红面读数的检核。

(4)一对水准尺黑面零点差的测定。

①目的与影响:水准尺黑面零点应与其底面相重合,但由于使用时磨损和制造的关系,零点与尺底可能不一致。

②方法:测定时将水准尺平置于检测平台,紧贴底面置一双面刀片,用一级线纹米尺丈量一分米分划至底面的距离d。d与一分米的差Δd为水准尺的零点差,即$\Delta d = d - 100$(mm),对普通木质水准尺,Δd不得超过0.5mm,否则须修理。设d_1、d_2分别为两只水准尺一分米分划到底面的距离,则一对水准尺黑面零点差为$Z = d_1 - d_2$。

零点差是系统误差,当水准路线上设站数为偶数时,它在高差累积和中将被抵消;为奇数时,应在高差累积和中加上零点差进行改正。

任务五　电子水准仪

一、电子水准仪的构造

电子水准仪又称数字水准仪，由基座、水准器、望远镜及数据处理系统组成，如图2-21所示。电子水准仪是以自动安平水准仪为基础，在望远镜光路中增加了分光镜和探测器（CCD），并采用条纹编码标尺和图像的处理电子系统而构成的光机电一体化的高科技产品。

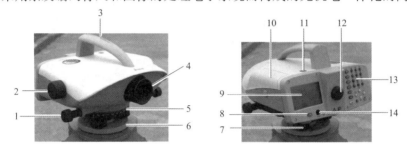

图2-21　电子水准仪构造示意图

1-无限位微动螺旋；2-调焦螺旋；3-带粗瞄器的提手；4-物镜；5-刻度盘；6-基座；7-脚螺旋；8-开关；9-显示屏；10-PCMCIA卡插槽盖板；11-圆水准器；12-目镜；13-操作键；14-水平气泡观察窗

图2-22　条码标尺

目前，电子水准仪的照准标尺和调焦仍需目视进行。人工调试后，标尺条码一方面被成像在望远镜分划板上，供目视观测，另一方面通过望远镜的分光镜，又被成像在光电传感器（又称探测器）上，供电子读数。由于各厂家标尺编码的条码图案各不相同，因此条码标尺（图2-22）一般不能互通使用。当使用传统水准标尺进行测量时，电子水准仪也可以像普通自动安平水准仪一样使用，不过这时的测量精度低于电子测量的精度，特别是精密电子水准仪，由于没有光学测微器，当成普通自动安平水准仪使用时，其精度更低。

二、电子水准仪的特点

它与传统仪器相比有以下特点：

（1）读数客观。不存在误差、误记问题，没有人为读数误差。

（2）精度高。视线高和视距读数都是采用大量条码分划图像经处理后取平均值得出来的，因此削弱了标尺分划误差的影响。多数仪器都有进行多次读数取平均值的功能，可以削弱外界条件影响。不熟练的作业人员业也能进行高精度测量。

（3）速度快。由于省去了报数、听记、现场计算的时间以及人为出错的重测数量，测量时间与传统仪器相比可以节省1/3左右。

（4）效率高。只需调焦和按键就可以自动读数，减轻了劳动强度。视距还能自动记录、检核、处理并能输入电子计算机进行后处理，可实现内外业一体化。

三、电子水准仪的使用

(1) 安置仪器:电子水准仪的安置同光学水准仪。
(2) 整平:旋动脚螺旋使圆水准器气泡居中。
(3) 输入测站参数:输入测站高程。
(4) 观测:将望远镜对准条纹水准尺,按仪器上的测量键。
(5) 读数:直接从显示窗中读取高差和高程。此外,还可获取距离等其他数据。

四、注意事项

(1) 不要将镜头对准太阳,将仪器直接对准太阳会损伤观测员眼睛及损坏仪器内部电子元件。在太阳较低或阳光直接射向物镜时,应用伞遮挡。
(2) 条纹编码尺表面保持清洁,不能擦伤,仪器是通过读取尺子黑白条纹来转换成电信号的,如果尺子表面粘上灰尘、污垢或擦伤,会影响测量精度或根本无法测量。

任务六　水准测量的误差及注意事项

一、水准测量的误差

水准测量中产生的误差包括仪器误差、观测误差、外界环境三个方面。

1. 仪器误差

(1) 仪器校正后的视角误差。理论上水准管轴应与视准轴平行,若两者不平行,虽经校正但仍然残存误差。即两轴线不平行形成角,这种误差的影响与仪器至水准尺的距离成正比,属于系统误差。若观测时使前、后视距相等,可消除或减弱此项误差的影响。

(2) 水准尺误差。由于水准尺刻划不准确、尺长发生变化、弯曲等原因,会对水准测量造成影响,因此水准尺在使用之前必须进行检验。若由于水准尺长期使用导致尺底端零点磨损,则可以在一水准测段中测量偶数站来消除。

2. 观测误差

观测误差是与观测过程有关的误差项,主要因为观测者自身素质、人眼判断能力及仪器本身精度限制所导致。因此,要减弱这些误差项的影响,要求测量工作人员严格、认真遵守操作规程。误差项主要包括:

(1) 整平误差。
(2) 估读水准尺的误差。毫米值是估读的,其准确程度与厘米间隔的线宽度及十字丝的粗细有关。此项误差与望远镜的放大率和视距长度有关。
(3) 视差的影响。当存在视差时,由于水准尺影像与十字丝分划板平面不重合,若眼睛观察的位置不同,便读出不同的读数,因而会产生读数误差。所以,观测时应注意消除视差。
(4) 水准尺倾斜的影响。水准尺竖立不直,会使读数产生误差,它总是使尺上的读数增大。这项误差的影响是系统性的——无论前视或是后视都使读数增大,在高差中会抵消一部分,但与高差总和的大小成正比,即水准路线的高差越大,影响越大;所以应认真扶尺,才能使最后成果中的误差不占主要地位。

3. 外界环境

1）仪器下沉

由于观测过程中仪器下沉，使视线降低，从而使观测高差产生误差。此种误差可通过采用"后、前、前、后"的观测程序减弱其影响。

2）尺垫下沉

如果在转点发生尺垫下沉，将使下站的后视读数增大，这将引起高差误差。采用往、返观测的方法，取成果的中数，可以减弱其影响。

3）地球曲率及大气折光的影响

水准面是一个曲面，而水准仪观测时是用一条水平视线来代替本应与大地水准面平行的曲线进行读数，因此会产生地球曲率所导致的误差影响。由于地球半径较大，可以认为当水准仪前、后视距相等时，用水平视线代替平行于水准面的曲线，前、后尺读数误差相等。

另外，由于大气密度不均匀，产生大气折光的影响，视线会发生弯曲，大气折光给读数带来的影响与视距长度成比例。前后视距相等可消除大气折光影响，但当视线距地面太近时，大气会影响水准测量精度。

综上所述，在水准测量作业时，若控制视线离地面的高度（大于 0.3m），并尽量保持前、后视距相等，可大大减弱地球曲率及大气折光对高差结果的影响。

4）温度的影响

当烈日照射到水准管时，由于水准管本身和管内液体温度升高，气泡向着温度高的方向移动，从而影响仪器水平，产生气泡居中误差。因此观测时要用阳伞遮住仪器，避免阳光直射，或者使测量工作避开阳光强烈的中午时段。

二、注意事项

造成水准测量中精度达不到要求而返工的原因，是由于对测量工作不熟悉和不够细心。为此，要求测量人员除了要应认真负责以外，还应注意以下事项。

1. 观测

（1）观测前，应对仪器进行认真的检验和校正。

（2）仪器放到三脚架上后，应立即把连接螺旋旋紧，以免仪器从脚架上摔下来，并做到人员不离开仪器。

（3）仪器应安置在土质坚硬的地方，并应将三脚架踏实，防止仪器下沉。

（4）水准仪至前、后视水准尺的距离应尽量相等。

（5）每次读数前，应严格消除视差，水准管气泡要严格居中，读数时要仔细、迅速、果断，大数（m、dm、mm）不要读错，毫米数要估读正确。

（6）晴天阳光下，应撑伞保护仪器。

（7）迁站时，将三脚架合拢，用一只手抱住脚架，另一只手托住仪器，稳步前进。远距离迁站时，仪器应装箱，扣上箱盖，防止仪器受到意外损坏。

2. 记录

（1）记录员在听到观测员读数后，要正确记入相应的栏目中，并要边记边回报数字，得到观测员的默许，方可确定，记录资料不得转抄。

(2)字体要清晰、端正,如果记录有误,不准用橡皮擦拭,应在错误数据上划斜线后再重新记录。

(3)每站高差应当场计算,检核合格后,方可通知观测员迁站。

3. 立尺

(1)立尺员必须将尺立在土质坚硬处,必须将尺垫踏实。

(2)水准尺必须立直,当尺上读数在1.5m以上时,应采用"摇尺法"读数。

(3)水准仪迁站时,作为前视点的立尺员,在活动尺子时,要切记不能改变转点的位置。

总之,水准测量是测量中的一个需要频繁操作的工作。水准测量的精确与否直接影响工程质量。所以要熟练掌握技术,把测量误差降到最小,精益求精,力求做得更好。

习 题

1. 绘草图并说明水准测量的原理。
2. 在水准测量中,如何规定高差的正负号?高差的正负号说明什么问题?
3. 已知 A 点高程为 101.325m,当后视读数为 1.154m、前视读数为 1.328m 时,问视线高程是多少?B 点高程是多少?
4. 什么是视差?视差是如何产生的?怎么消除?
5. 简述水准路线的形式及其各自的特点。
6. 为什么水准测量中一个测站上应尽量使前后视距相等?
7. 图 2-23 中,标尺读数为多少?
8. 在水准仪检校时,将水准仪安置在 A、B 两点正中间情况下,A 尺读数 $a_1=1.432$m,B 尺读数 $b_1=1.228$m。将水准仪搬至 B 尺附近,B 尺读数为 $b_2=1.577$m,A 尺读数为 $a_2=1.806$m。问水准管轴是否平行于视准轴?若不平行应如何校正?
9. 根据表 2-4 中的实测数据完成高差与高程的计算。

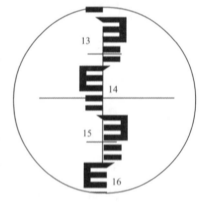

图 2-23 标尺读数

水准测量记录表 表 2-4

测 站	点 号	水准尺读数(m)		高差(m)	高程(m)	备 注
		后视	前视			
1	BMA	1.457	—		298.586	水准点
2	T1	1.683	1.268			转点
3	T2	1.495	1.316			转点
4	T3	1.312	1.728			转点
5	T4	2.348	2.186			转点
	BMB	—	1.116			待测点

续上表

测站	点号	水准尺读数(m)		高差 (m)	高程 (m)	备注
		后视	前视			
Σ						
计算检核						

10. 完成表2-5的计算。

闭合水准测量成果表　　　　　　　　　表2-5

测段	测点	测站数（个）	实测高差（m）	改正数（mm）	改正后高差（m）	高程（m）	备注
1	BMA	8	-1.438			86.365	
2	1	10	2.784				
3	2	12	3.887				
4	3	6	-5.283				
	BMA						
Σ							
辅助计算							

11. 根据图2-24完成表2-6的计算。

图2-24　附合水准路线略图

水准测量成果整理　　　　　　　　　表2-6

测段	测点	测站数（个）	实测高差（m）	改正数（mm）	改正后高差（m）	高程（m）	备注
1	BMA						
2	BM1						
3	BM2						
4	BM3						
	BMB						
Σ							
辅助计算							

12. 水准测量中产生误差的因素有哪些？哪些误差可通过适当的观测方法或经过计算改正加以减弱直至消除？哪些误差不能消除？

13. 在水准测量中，应注意哪些事项？

项目三 角度测量

知识目标

1. 掌握角度测量原理和全站仪的基本构造。
2. 掌握全站仪的使用方法、角度测量的方法。
3. 了解全站仪基本检验和校正、角度测量误差影响。

能力目标

1. 会正确使用全站仪熟练进行水平角测量。
2. 会正确使用全站仪熟练进行竖直角测量。
3. 能初步分析产生角度误差的原因,并采取相应的措施削减误差。

素质目标

1. 具备吃苦耐劳、爱岗敬业的精神,良好的职业道德与法律意识。
2. 具备良好的人际沟通、团队协作能力。
3. 具备良好的自我管理与约束能力。

重点 角度测量的原理、全站仪的技术操作、角度测量误差的影响因素。

难点 水平角观测方法。

任务一 角度测量原理

一、水平角测量原理

地面上两条直线之间的夹角在水平面上的投影称为水平角。如图 3-1 所示,A、B、O 为地面上的任意点,过 OA 和 OB 直线各作一垂直面,并把 OA 和 OB 分别投影到水平投影面上,其投影线 Oa 和 Ob 的夹角 $\angle aOb$,就是 $\angle AOB$ 的水平角。水平角的取值范围是 $0° \sim 360°$,一般用 β 来表示。

如果在角顶 O 上安置一个带有水平度盘的测角仪器,其度盘中心 O' 在通过测站 O 点的铅垂线上,设 OA 和 OB 两条方向线在水平度盘上的投影读数为 a 和 b,则水平角 β 为:

$$\beta = b - a \tag{3-1}$$

二、竖直角测量原理

在同一竖直面内视线和水平线之间的夹角称为竖直角或称垂直角。如图 3-2 所示,视线在水平线之上称为仰角,符号为正,取值范围是 0°~90°;视线在水平线之下称为俯角,符号为负,取值范围是 -90°~0°。

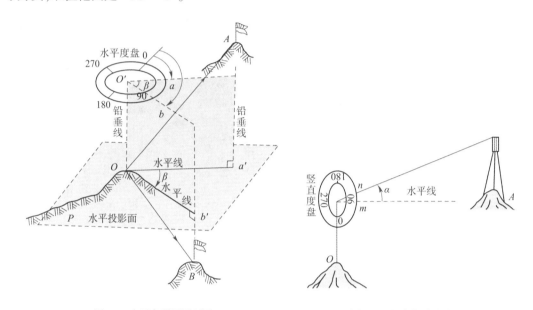

图 3-1　水平角测量原理图　　　　　图 3-2　竖直角测量原理图

如果在测站点 O 上安置一个带有竖直度盘的测角仪器,水平视线通过竖直度盘中心,设照准目标点 A 时视线的读数为 n,水平视线的读数为 m,则竖直角 α 为:

$$\alpha = n - m \tag{3-2}$$

任务二　全站仪的认识及基本操作

测量水平角和垂直角的仪器有经纬仪和全站仪。经纬仪分为两种(光学经纬仪和电子经纬仪,目前最常用的是电子经纬仪),主要用来测量水平角和竖直角,按精度从高精度到低精度分:DJ0.7、DJ1、DJ2、DJ6、DJ30 等(D、J 分别为大地和经纬仪的拼音首字母)。全站仪是集光、机、电为一体的高技术测量仪器,是集水平角、垂直角、测距(斜距、平距)、高差测量等功能为一体的测绘仪器系统,根据仪器精度可分为 0.5″、1″、2″、3″、5″、7″等几个等级。

也就是说,全站仪主要是用于各种测量——角度测量、距离测量、坐标测量,在角度测量时,可以取代经纬仪。现在工地上最常用的测角仪器也为全站仪。

一、全站仪基本构造

全站仪主要由照准部(包括望远镜、竖直度盘、水准器)、水平度盘、显示屏及键盘、基座组成,如图 3-3 所示。现将各组成部分分别介绍如下。

项目三 角度测量

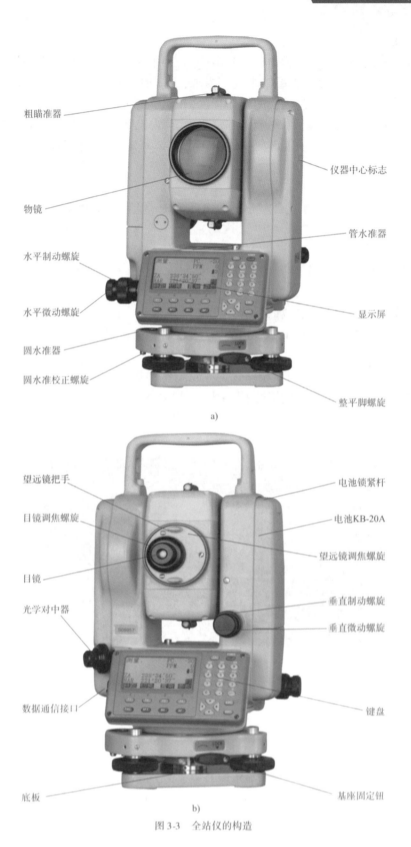

图 3-3 全站仪的构造

1. 望远镜

望远镜的构造和水准仪望远镜构造基本相同,用来照准远方目标。它和横轴固连在一起放在支架上,并要求望远镜视准轴垂直于横轴,当横轴水平时,望远镜绕横轴旋转的视准面是一个铅垂面。为了控制望远镜的俯仰程度,在照准部外壳上还分别设有望远镜垂直制动和垂直微动螺旋以及望远镜水平制动和水平微动螺旋,以控制望远镜垂直方向和水平方向的转动。当拧紧望远镜或照准部的制动螺旋后,转动微动螺旋,望远镜或照准部才能作微小的转动。

2. 竖直度盘

竖直度盘固定在横轴的一端。当望远镜转动时,竖直度盘也随之转动,用以观测竖直角。

3. 水准器

照准部上的管水准器用于精确整平仪器,圆水准器用于概略整平仪器。

4. 水平度盘

水平度盘是用光学玻璃制成的圆盘,在盘上按顺时针方向从 0°到 360°刻有等角度的分划线。相邻两刻划线的格值有 1°或 30′两种。度盘固定在轴套上,轴套套在轴座上。

5. 显示屏及键盘

以科力达 KTS-440 系列为例,全站仪键盘及显示屏如图 3-4 所示。键盘有 28 个按键,即电源开关键 1 个、照明键 1 个、软键 4 个、操作键 10 个和字母数字键 12 个。与光学仪器相比,全站仪观测时,观测数据会直接显示在显示屏上,大大地提高了观测精度与效率。

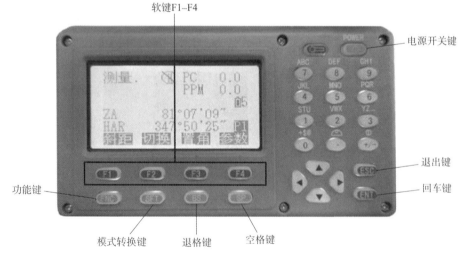

图 3-4 全站仪键盘及显示屏示意图

(1)电源开关键。

打开电源:按 POWER 键。

关闭电源:按住 POWER 键 3s。

(2)照明键。按 ☼ 打开或关闭显示窗口望远镜分划板照明。

(3)软键。KTS-440 系列显示窗的底部显示出软键的功能,这些功能通过键盘左下角对应的 F1 至 F4 来选取,若要查看另一页的功能,按 FNC 键。

(4)操作键。操作键功能见表3-1。

操作键功能一览表 表3-1

名　称	功　能
ESC	取消前一操作,退回到前一个显示屏或前一个模式
FNC	(1)软键功能菜单,翻页; (2)在放样、对边、悬高等功能中可输入目标高功能
SFT	打开或关闭转换(SHIFT)模式(在输入法中切换字母和数字功能)
BS	退格键,删除光标前一个字符
SP	(1)在输入法中输入空格; (2)在非输入法中为快捷功能键 A.激光指向开关　B.对中器亮度调节　C.十字丝照明调节 D.棱镜常数修改　E.测量模式切换　F.反射体类型切换
▲	(1)光标上移或向上选取选择项; (2)在数据列表和查找中为查阅上一个数据
▼	(1)光标下移或向下选取选择项; (2)在数据列表和查找中为查阅下一个数据
◀	(1)光标左移或选取另一选择项; (2)在数据列表和查找中为查阅上一页数据
▶	(1)光标右移或选取另一选择项; (2)在数据列表和查找中为查阅下一页数据
ENT	确认输入或存入该行数据并换行

6.基座部分

基座是支撑仪器的底座。基座上有三个脚螺旋,转动脚螺旋可使照准部水准管气泡居中,从而使水平度盘水平。基座和三脚架头用螺栓连接,可将仪器固定在三脚架上。全站仪进行测量时还需要对中,传统全站仪设置有光学对中器,但目前广泛应用的全站仪均采用激光对中。

二、反射棱镜

当全站仪用红外光进行距离测量等作业时,需在目标处放置反射棱镜。反射棱镜有单(三)棱镜组,可通过基座连接器将棱镜组与基座连接,再安置到三脚架上,也可直接安置在对中杆上。棱镜组由用户根据作业需要自行配置。

棱镜组的配置如图3-5所示。

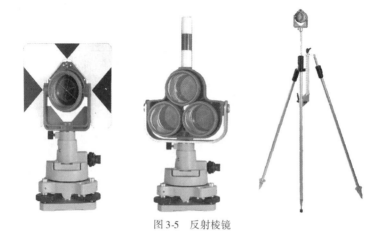

图 3-5 反射棱镜

任务三　水平角观测

一、全站仪的技术操作

全站仪的技术操作包括：对中、整平、瞄准、读数。

1. 对中

对中的目的是使仪器的中心与测站的标志中心位于同一铅垂线上。

2. 整平

整平的目的是使仪器的竖轴铅垂，水平度盘水平。

上述两步技术操作称为全站仪的安置。有的全站仪设置有光学对中器，若采用光学对中器进行对中，应与整平仪器结合进行，其操作步骤如下：

(1) 将仪器置于测站点上，三个脚螺旋调至中间位置，架头大致水平。使光学对中器大致位于测站上，将三脚架踩牢。

(2) 旋转光学对中器的目镜，看清分划板上的圆圈，拉或推动目镜使测站点影像清晰。

(3) 旋转脚螺旋使光学对中器对准测站点。

(4) 伸缩两条三脚架腿，使圆水准器气泡居中。

(5) 用脚螺旋精确整平管水准管后，转动照准部90°，水准管气泡均居中。

① 松开水平制动螺旋，转动仪器使管水准器平行于一对脚螺旋 A、B 的连线，再旋转脚螺旋 A、B，使管水准器气泡居中，如图 3-6a) 所示。

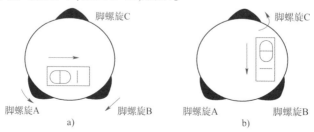

图 3-6　水准管精平步骤

②将仪器绕竖轴旋转90°,再旋转另一个脚螺旋C,使管水准器气泡居中,如图3-6b)所示。

③再次旋转仪器90°,重复步骤①、②,直到四个位置上气泡均居中为止。

(6)如果光学对中器分划圈不在测站点上,应松开连接螺栓,在架头上平移仪器,使分划圈对准测站点。

(7)重新再整平仪器,依此反复进行直至仪器整平后,光学对中器分划圈对准测站点为止。

若使用有激光对中功能的全站仪,开机以后,打开激光,拖动三脚架任意两只架腿进行粗略对中,再松开架头仪器连接螺栓,在架头移动仪器,使激光点和测站点重合。整个对中的过程应与整平过程相结合,具体步骤和使用光学对中器的全站仪对中整平步骤一致。

3. 瞄准

全站仪安置好后。用望远镜瞄准目标。首先将望远镜照准远处,调节对光螺旋使十字丝清晰;然后旋松望远镜和照准部制动螺旋,用望远镜的光学瞄准器照准目标。转动物镜对光螺旋使目标影像清晰;而后旋紧望远镜和照准部的制动螺旋,通过旋转望远镜和照准部的微动螺旋,使十字丝交点对准目标,并观察有无视差,如有视差,应重新对光,予以消除。

4. 读数

全站仪具有电子自动读数功能,瞄准目标后,按下测量键,测量数据自动显示在屏幕上。

二、水平角观测方法

在水平角观测中,为发现错误并提高测角精度,一般要用盘左和盘右两个位置进行观测。当观测者对着望远镜的目镜,竖盘在望远镜的左边时称为盘左位置,又称正镜;若竖盘在望远镜的右边时称为盘右位置,又称倒镜。水平角观测方法,一般有测回法和方向观测法两种。

1. 测回法

设O为测站点,A、B为观测目标,$\angle AOB$为观测角,如图3-7所示。先在O点安置仪器,进行整平、对中,然后按以下步骤进行观测。

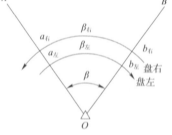

图3-7 测回法观测水平角示意图

(1)盘左位置:先照准左方目标,即后视点A,读取水平度盘读数为$a_{左}$,并记入测回法测角记录表中,见表3-2。然后顺时针转动照准部照准右方目标,即前视点B,读取水平度盘读数为$b_{左}$,并记入记录表中。以上称为上半测回,其观测角值为:

$$\beta_{左} = b_{左} - a_{左} \tag{3-3}$$

测回法测角记录表   表3-2

测站	盘位	目标	水平度盘读数	水平角		备注
				半测回角	测回角	
O	左	A	0°01′24″	60°49′06″	60°49′03″	
		B	60°50′30″			
	右	A	180°01′30″	60°49′00″		
		B	240°50′30″			

(2)盘右位置:先照准右方目标,即前视点 B,读取水平度盘读数为 $b_{右}$,并记入记录表中。再逆时针转动照准部照准左方目标,即后视点 A,读取水平度盘读数为 $a_{右}$,并记入记录表中。则得下半测回角值为:

$$\beta_{右} = b_{右} - a_{右} \tag{3-4}$$

(3)上、下半测回合起来称为一测回。一般规定,用 J_6 级测角仪器进行观测,上、下半测回角值之差不超过40″时,可取其平均值作为一测回的角值,即:

$$\beta = \frac{1}{2}(\beta_{左} + \beta_{右}) \tag{3-5}$$

测回法适用于观测两个方向的单角,当测角精度要求较高时,可观测多个测回,取其平均值作为最后结果。为减少度盘刻划不均匀误差对水平角的影响,各测回起始方向应按 $180°/n$(n 为测回数)变换水平度盘位置。例如,三测回观测,则每个测回的起始方向读数度盘变换值为 $60°$,即第一测回起始方向读数度盘位置为 $0°00'00''$,第二测回起始方向读数度盘位置为 $60°00'00''$,第三测回起始方向读数度盘位置为 $120°00'00''$。全站仪测水平角时,变换水平度盘位置采用"置角"功能,直接输入,例如 $90°00'30''$,输入"90.0030"回车即可。

2. 方向观测法

如要观测三个以上的方向,则采用方向观测法(又称全圆测回法)进行观测。

方向观测法应首先选择一起始方向作为零方向。如图 3-8 所示,设 A 方向为零方向。要求零方向应选择距离适中、通视良好、成像清晰稳定、俯仰角和折光影响较小的方向。

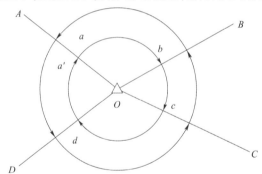

图 3-8 方向观测法观测水平角示意图

将全站仪安置于 O 站,对中整平后按下列步骤进行观测。

(1)盘左位置,瞄准起始方向 A,使用"置角"功能将角度配置为 $0°00'$,而后再松开制动螺旋,重新照准 A 方向,读取水平度盘读数 a,并记入方向观测法记录表中,见表 3-3。

(2)按照顺时针方向转动照准部,依次瞄准 B、C、D 目标,并分别读取水平度盘读数为 b、c、d,并记入记录表中。

(3)最后回到起始方向 A,再读取水平度盘读数为 a'。这一步称为"归零"。a 与 a' 之差称为"归零差",其目的是为了检查水平度盘在观测过程中是否发生变动。"归零差"不能超过允许限值。

以上操作称为上半测回观测。

(4)盘右位置,按逆时针方向旋转照准部,依次瞄准 A、D、C、B、A 目标,分别读取水平度盘读数,记入记录表中,并算出盘右的"归零差",称为下半测回。上、下两个半测回合称为一测回。

观测记录及计算表见表3-3。

方向观测法记录计算表 表3-3

| 测站 | 测回数 | 目标 | 水平度盘读数 | | 2c=左-(右±180°)(° ′ ″) | 平均值(左+右±180°)/2(° ′ ″) | 一测回归零方向值(° ′ ″) | 各测回归零方向值之平均数(° ′ ″) | 备注 |
			盘左(° ′ ″)	盘右(° ′ ″)					
1	2	3	4	5	6	7	8	9	
O	1	A	0 01 00	180 01 12	−12	(0 01 09) 0 01 06	0 00 00	0 00 00	
		B	72 22 36	252 22 48	−12	72 22 42	72 21 33	72 21 23	
		C	184 35 48	4 35 54	−6	184 35 51	184 34 42	184 34 38	
		D	246 46 24	66 46 24	0	246 46 24	246 45 15	246 45 26	
		A	0 01 06	180 01 18	−12	0 01 12	0 00 00	0 00 00	
O	2	A	90 01 00	270 01 06	−6	(90 01 09) 90 01 03	0 00 00		
		B	162 22 24	342 22 18	+6	162 22 21	72 21 12		
		C	274 35 48	94 35 36	+12	274 35 42	184 34 33		
		D	336 46 42	156 46 48	−6	336 46 45	246 45 36		
		A	90 01 12	270 01 18	−6	90 01 15	0 00 00		

(5)方向观测法的计算方法。

①计算两倍照准误差$2c$。

仪器视准轴不垂直于横轴便产生视准误差$2c$。

$$2c = 盘左读数 - (盘右读数 \pm 180°)$$

将各方向$2c$值填入表3-3第6栏。

②计算各方向的平均数。

$$平均读数 = [盘左读数 + (盘右读数 + 180°)]/2$$

由于存在归零读数,所以起始方向A有两个平均值,将这两个平均值再取平均值作为起始方向的方向值,记入表3-3第7栏。

③计算归零后方向值。将各方向的平均读数减去括号内的起始方向平均值,即得各方向归零后的方向值,记入表3-3第8栏。

④计算各测回归零后方向值的平均值。将各测回同一方向归零后的方向值取平均数,作为各方向的最后结果,记入表3-3第9栏。

(6)限差。当在同一测站上观测几个测回时,为了减少度盘分划误差的影响,每测回起始方向的水平度盘读数值应配置在($180°/n$)的倍数(n为测回数)。在同一测回中各方向$2c$误差(也就是盘左、盘右两次照准误差)的差值,即$2c$互差不能超过限差要求。

不论测回法还是方向观测法,对精度为$2″$的全站仪来说,其$2c$值限值可设为$8″$,上下半测回角值限差为$12″$,测回之间角值限差为$8″$。精度为$1″$的全站仪,其$2c$值限值可设为$4″$,上下半测回角值限差为$6″$,测回之间角值限差为$4″$。表3-3中的数据是用精度较低的经纬仪观测的,故对$2c$互差不作要求。

任务四 竖直角测量

一、全站仪竖盘显示角度

全站仪或电子经纬仪竖直角观测时竖盘显示格式有两种：竖直角（Vertical Angle，简称 VA）和天顶距（Zenith Angle，简称 ZA），VA 是指竖直角观测时，设定了水平方向竖直角为 0°00′00″（水平零），即整平仪器后将望远镜转动到水平视线时（简单理解就是正镜、望远镜向前方）垂直角度应该显示 0°00′00″。ZA 是指竖直角观测时，望远镜沿铅垂方向逆方向（望远镜对着天空、目镜对着铅垂方向向下）竖直角度显示为 0°00′00″（天顶零），行业内称为"天顶距"。

目前，全站仪竖盘采用绝对编码度盘，绝对编码测角技术与光栅度盘测角技术相比，不但具有开机无须角度初始化，关机后保留角度信息等优点，并且可以使仪器获得高度稳定、精确的测量值。

二、竖直角计算公式

若将仪器设定为天顶零，进行竖直角观测，首先要了解竖盘的构造，竖直度盘垂直固定在望远镜旋转轴的一端，随望远镜的转动而转动。当观测者位于望远镜目测端，竖盘在望远镜左侧的观测称为盘左观测，竖盘位于望远镜右侧时，称为盘右观测。不论是盘左还是盘右，指标线都指向竖盘最底部的刻划，当瞄准目标时，ZA 读数就为指标线所指竖盘刻划。因此，当视准轴水平、指标水准管气泡居中时，指标所指的竖盘读数值盘左为 90°，盘右为 270°。

根据图 3-9 所示几何关系，可以推导出竖直角计算公式为：

$$\alpha_{左} = 90° - L \tag{3-6}$$

$$\alpha_{右} = R - 270° \tag{3-7}$$

竖直角计算公式为：

$$\alpha = \frac{1}{2}(\alpha_{左} + \alpha_{右}) = \frac{1}{2}(R - L - 180°) \tag{3-8}$$

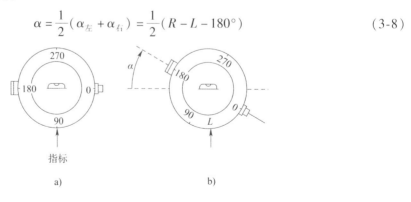

图 3-9

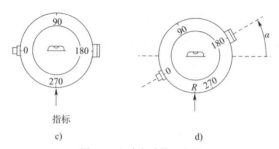

图 3-9 竖直角计算示意图

a) 盘左指标线；b) 盘左读数；c) 盘右指标线；d) 盘右读数

三、指标差的计算

当指标偏离正确位置时，这个指标线所指的读数就比始读数增大或减少一个角值 X，此值称为竖盘指标差，也就是竖盘指标位置不正确所引起的读数误差。

如图 3-10 所示：

$$\alpha = (90° + X) - L = \alpha_{左} + X \qquad (3\text{-}9)$$

$$\alpha = R - (270° + X) = \alpha_{右} - X \qquad (3\text{-}10)$$

指标差计算公式：

$$X = \frac{1}{2}(\alpha_{左} - \alpha_{右}) = \frac{1}{2}(R + L - 360°) \qquad (3\text{-}11)$$

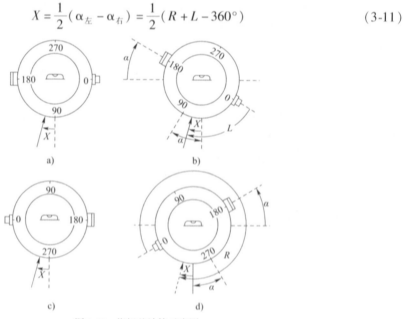

图 3-10 指标差计算示意图

a) 盘左指标线；b) 盘左读数；c) 盘右指标线；d) 盘右读数

根据以上公式可以看出，通过盘左、盘右进行竖直角观测，取平均值，可以消除指标差的影响。但是当指标差超过 15″ 的时候，则需要对仪器进行校正，又称 i 角的校正。

四、竖直角的计算方法

（1）盘左位置：瞄准目标后，使竖盘指标水准管气泡居中，读取竖盘读数 L，并记入竖直角观测记录表中(表3-4)。称为上半测回观测。

竖直角观测记录表　　　　　　　　　　　　　　表3-4

测　站	目　标	盘　位	竖盘读数	半测回竖直角	指　标　差	一测回竖直角	备　注
O	M	左	59°29′48″	+30°30′12″	−12″	+30°30′00″	
		右	300°29′48″	+30°39′48″			
	N	左	93°18′40″	−3°18′40″	−13″	−3°18′53″	
		右	266°40′54″	−3°19′06″			

(2)盘右位置:仍照准原目标,使竖盘指标水准管气泡居中,读取竖盘读数 R,并记入记录表中。称为下半测回观测。

(3)上、下半测回合称一测回观测。

(4)在竖直角观测记录表中进行竖直角和指标差的计算。

五、水平零观测竖直角

若将仪器设定为水平零,进行竖直角观测时,瞄准目标之后,VA 显示读数即为竖直角角值。但是水平零观测精度不如天顶零观测,因为借助铅垂,绝对的天顶方向容易确定,铅垂肯定是指向地心的。可以测四个方向360°水平角位。而水平角开始容易有误差,因为没有绝对水平的参照物,因此无法做到各个方向的绝对平衡。

任务五　全站仪的检验与校正

为保证测角的精度,满足测量的要求,全站仪在使用前应进行检查与校正,全站仪测量前的检查项目包括以下内容。

(1)检查脚螺旋与基座:主要检查三个脚螺旋是否有扭曲变形,确保转动均匀。基座与机身之间不应有明显间隙而导致机身晃动。

(2)制动微动的检查:主要检查垂直和水平制动微动工作是否正常。

(3)横轴竖轴的检查:检查方法为松开制动旋钮,轻轻转动横轴竖轴,检查是否有发卡、转动不流畅现象。

(4)目镜物镜的检查:主要检查目镜是否清晰,望远镜视场亮度是否均匀,观测目标是否清晰。

(5)开关机的检查:主要看是否能正常开机。开机后检查键盘各按钮是否正常。

(6)对中器的检查:主要检查光学对中器目镜十字丝是否能调整清晰,视场亮度是否均匀;激光对中器能否正常开关。

以上检查结束并确保仪器正常,方可进行观测。

一、基座脚螺旋

如果脚螺旋出现松动现象,可以调整基座上脚螺旋调整用的两个校正螺钉,拧紧螺钉到合适的压紧力度为止。

二、水准管的检验与校正

1. 检验

如图 3-11 所示,首先将气泡平行于两脚螺旋 A 和 B,假设为 0°方向调平,旋转 90°使气泡垂直于第三个脚螺旋 C 再调平,然后转到 180°调平,再转到 270°调平,最后转回到 0°位置看是否居中,若居中,则不用校正。

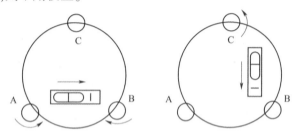

图 3-11　全站仪水准管的检验

2. 校正

如需校正,方法如下:首先看差多少,确定差的一半距离,通过调校正螺钉改其差一半,再用脚螺旋调整一半至水泡居中。气泡在哪边就说明哪边高,调整的时候始终把握这样一点。

调整完之后再按照以上步骤进行校核,看是否居中,如不居中照以上方法重来。直至各个方向都能居中。校正螺钉是顺时针升高,逆时针降低,只要把握住这点不管校正螺钉在左边还是在右边都可照此做。

三、圆水准器的检验与校正

1. 检验

圆水准器的检验与校正是在管水准器完好的基础上做的,首先将管水准气泡调平,这里是指管水准器各方向都居中。然后看圆气泡是否居中,如不居中,则需要校正。

2. 校正

若气泡不居中,用校正针或内六角扳手调整气泡下方的校正螺钉使气泡居中。校正时,应先松开气泡偏移方向对面的校正螺钉(1 个或 2 个),然后拧紧偏移方向的其余校正螺钉使气泡居中。气泡居中时,三个校正螺钉的紧固力矩均应一致,如图 3-12 所示。

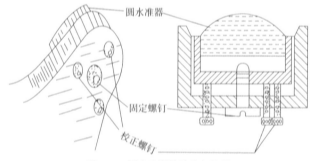

图 3-12　圆水准器的检验与校正

四、2c 的检验与校正

1. 检验

首先将仪器整平,瞄准平行光管十字丝,先在盘左照准目标置 0,再旋转 180°盘右照准目标读数,正常情况是 180°±15″。如不是,则要校正,最好是这样多做几次以确定误差到底有多大。超±15″需校正。

2. 校正

用水平微动将水平角调整至 180°0′0″,再观察仪器目镜十字丝跟平行光管十字丝相差多少,旋下仪器目镜护盖,通过调整目镜左右两颗螺钉将仪器竖丝向光管竖丝靠近一半,再旋动水平微动至重合。反复几次看误差是否达到允许范围

五、i 角的检验与校正

1. 检验

仪器调平,盘左瞄准平行光管十字丝,记下垂直角读数,再盘右对准同一目标读数,看盘左盘右读数相加是否是 360°±15″,如不是,则需校正。

2. 校正

目前常见的全站仪基本都是程序自带 i 角校正系统,不同品牌全站仪进入程序的方法各自不同,校正时需了解不同的程序。以拓普康全站仪为例方法如下:关机然后电源加 F1 开机,(电源和 F1 同时按下,但电源只按将近不到 1s 就行,F1 不放)进入仪器校正模式,按 F1 垂直角校正。盘左照准目标按回车键;再盘右照准同一目标按回车键,校正完毕。再返回角度测量校核。

六、测距部的设置和检查

首先要确定所用棱镜的棱镜常数,常见圆棱镜的常数一般为 30mm、0、-30mm。简单确定棱镜常数方法:在平直场地上做两个距离小于 20m 的点标记,并用长钢卷尺拉紧量出两点间距离。然后一个点架设全站仪,对中整平;另一点上利用对中杆支架(或脚架基座)对中整平支起棱镜,全站仪(棱镜常数预设为 0)精确瞄准棱镜中心测出平距,与钢卷尺量出的距离进行比对,如结果一致,则说明此棱镜常数为 0。如比钢卷尺量的结果少 30mm,则此棱镜常数应为 30mm;如比钢卷尺量的结果多 30mm,则此棱镜常数应为 -30mm。此时应从全站仪设置中更改成相符合的棱镜常数,再次测出平距进行检验。最后盘左盘右各测至少一次,平距、斜距、高差数据都进行比对。

七、对中器的检验与校正(激光)

1. 检验

无风无过大振动环境下,架设好全站仪,打开激光对中器,激光点指示处做一标记,然后全站仪旋转 180°,如激光指示偏离标记点,则需校正。

2. 校正

仔细观察激光指示点距标记点偏离多少。打开对中器护盖看到四颗螺钉,通过改正四

颗螺钉,使激光点向标记点中心方向走一半,然后旋转至0°位置看是否居中,如不居中,则照此方法重做,注意调整时对向螺钉遵循一松一紧原则,调整完成后每一颗螺钉的紧固力矩均应一致。

八、对中器的检验与校正(光学)

1. 检验

将仪器安置到三脚架上,在一张白纸上画一个十字交叉并放在仪器正下方的地面上;调整好光学对中器的焦距后,移动白纸使十字交叉位于视场中心;转动脚螺旋,使对中器的中心标志与十字交叉点重合;旋转照准部,每转90°,观察对中点的中心标志与十字交叉点的重合度;如果照准部旋转时,光学对中器的中心标志一直与十字交叉点重合,则不必校正。否则需按下述方法进行校正。

2. 校正

将光学对中器目镜与调焦手轮之间的改正螺钉护盖取下,固定好十字交叉白纸并在纸上标记出仪器每旋转90°时对中器中心标志落点,如图3-13所示 A、B、C、D 点;用直线连接对角点 AC 和 BD,两直线交点为 O;用校正针调整对中器的四个校正螺钉,使对中器的中心标志与 O 点重合;重复检验步骤,检查校正至符合要求。

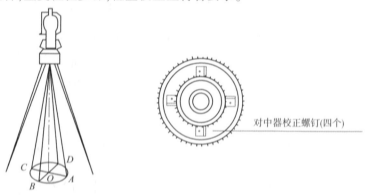

图3-13 光学对中器的校正

九、望远镜分划板的检验与校正

1. 检验

整平仪器后在望远镜视线上选定一目标点 A,用分划板十字丝中心照准 A 点并固定水平和垂直制动手轮;转动望远镜垂直微动手轮,使 A 点移动至视场的边沿(A'点);若 A 点是沿十字丝的竖丝移动,即 A'点仍在竖丝之内的,则十字丝不倾斜不必校正。如图3-14所示,A'点偏离竖丝中心,则十字丝倾斜,需对分划板进行校正。

2. 校正

首先取下位于望远镜目镜与调焦手轮之间的分划板座护盖,便看见四个分划板座固定螺钉(图3-15);用螺丝刀均匀地旋松该四个固定螺钉,绕视准轴旋转分划板座,使 A' 点落在竖丝的位置上;均匀地旋紧固定螺钉,再用上述方法检验校正结果;将护盖安装回原位。

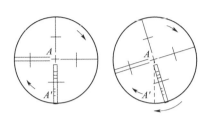
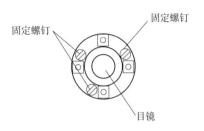

图 3-14　望远镜分划板的检验　　　图 3-15　望远镜分划板的校正示意图

任务六　角度测量的误差

一、仪器误差

1. 视准轴误差

望远镜视准轴不垂直于横轴时，其偏离垂直位置的角值 C 称视准差或照准差。

2. 横轴误差

当竖轴铅垂时，横轴不水平，而有一偏离值 l，称横轴误差或支架差。

3. 竖轴误差

观测水平角时，仪器竖轴不处于铅垂方向，而偏离一个 δ 角度，称竖轴误差。

观测前应先检验仪器，发现仪器有误差应立即进行校正，并采用盘左、盘右取平均值和用十字丝交点照准等方法，减小和消除仪器误差对观测结果的影响。

二、对中误差与目标偏心

观测水平角时，对中不准确，使得仪器中心与测站点的标志中心不在同一铅垂线上即是对中误差，又称测站偏心。

当照准的目标与其他地面标志中心不在一条铅垂线上时，两点位置的差异称目标偏心或照准点偏心。其影响类似对中误差，边长越短，偏心距越大，影响也越大。

三、观测误差

1. 瞄准误差

瞄准目标的清晰度，与人眼的分辨率 P 及望远镜的放大倍率 V 有关，在实际操作中对光时视差未消除，或者目标构形和清晰度不佳，或者瞄准的位置不合理，实际的瞄准误差可能要大得多。因此，在观测中，选择较好的目标构形，做好对光和瞄准工作，是减少瞄准误差影响的基本方法。

人眼分辩两个的最小视角约为 $60''$，瞄准误差为：

$$m_v = \frac{\pm 60''}{V} \tag{3-12}$$

2. 读数误差

用分微尺测微器读数，可估读到最小格值 1/10。以此作为读数误差。

四、外界条件的影响

观测在一定的条件下进行,外界条件对观测质量有直接影响,如松软的土壤和大风影响仪器的稳定;日晒和温度变化影响水准管气泡的运动;大气层受地面热辐射的影响会引起目标影像的跳动等,这些都会给观测水平角带来误差。因此,要选择目标成像清晰稳定的有利时间观测,设法克服或避开不利条件的影响,以提高观测成果的质量。

习 题

1. 什么是水平角?瞄准同一竖直面上高度不同的点,其水平度盘的读数是否相同?为什么?
2. 什么是竖直角?竖直角的正负是如何规定的?为什么只瞄准个方向即可测得竖直角?
3. 观测水平角时,对中的目的是什么?整平的目的是什么?
4. 试述用测回法和全圆方向法测量水平角的操作步骤及各项限差要求。
5. 采用测回法观测水平角时,各测回间为何要变换始读数?如何变换?
6. 用全站仪观测竖直角时,为什么要用盘左和盘右观测,且取平均值?
7. 试整理采用测回法观测水平角的观测记录,见表3-5。

测回法观测水平角记录表　　　　　　　　　　　　　　　　　表3-5

测站	测回数	竖盘位置	目标	水平度盘读数 (° ′ ″)	半测回角值 (° ′ ″)	一测回平均角值 (° ′ ″)	各测回平均角值 (° ′ ″)	备注
A	1	盘左	B	0 12 00				
			C	91 45 30				
		盘右	B	180 11 24				
			C	271 45 12				
A	2	盘左	B	90 11 48				
			C	181 45 24				
		盘右	B	270 12 12				
			C	01 45 48				

8. 试整理采用方向观测法观测水平角的观测记录,见表3-6。

方向观测法记录表　　　　　　　　　　　　　　　　　　　表3-6

测站	测回数	目标	水平度盘读数		2c=左-(右±180°) (° ′ ″)	平均值(左+右±180°)/2 (° ′ ″)	一测回归零方向值 (° ′ ″)	各测回归零方向值之平均数 (° ′ ″)
			盘左 (° ′ ″)	盘右 (° ′ ″)				
1	2	3	4	5	6	7	8	9
O	1	A	0 01 06	180 01 12				
		B	91 54 06	271 54 00				
		C	153 32 48	333 32 42				

续上表

测站	测回数	目标	水平度盘读数		2c = 左 - (右±180°) (°′″)	平均值(左 + 右±180°)/2 (°′″)	一测回归零方向值 (°′″)	各测回归零方向值之平均数 (°′″)
			盘左 (°′″)	盘右 (°′″)				
O	1	D	214 06 12	24 06 06				
		A	0 01 24	180 01 36				
O	2	A	90 01 24	270 01 18				
		B	181 54 06	1 54 18				
		C	243 32 54	63 33 06				
		D	304 06 24	124 06 18				
		A	90 01 36	270 01 36				

9.全站仪是否可以提供一条水平视线？若全站仪的 i 角(竖盘指标差)为15″,则竖盘读数为多少时视线为水平？

10.试整理采用测回法观测竖直角角的观测记录,见表3-7。

竖直角观测记录表　　　　　　表3-7

目　标	盘　位	竖盘读数 (°′″)	半测回竖直角 (°′″)	指标差 (″)	一测回竖直角 (°′″)
A	左(L)	72 18 18			
	右(R)	287 42 00			
B	左(L)	96 32 48			
	右(R)	263 27 30			

项目四

距离测量与直线定向

1. 掌握地面点位之间的长度测量方法和钢尺量距的精度评定方法。
2. 掌握水准仪的使用方法、水准测量的施测方法和内业计算。
3. 掌握方位角的测量方法以及方位角的推算。

1. 会正确进行钢尺量距并能对精度评定。
2. 能利用全站仪进行量距工作。
3. 能正确地确定方位角并熟练使用罗盘仪。

1. 具备吃苦耐劳、爱岗敬业的精神,良好的职业道德与法律意识。
2. 具备良好的人际沟通、团队协作能力。
3. 具备良好的自我管理与约束能力。

重点　钢尺量距的原理及评定方法、全站仪测距的技术操作、直线定向表示方法。

难点　钢尺量距的原理及评定方法及方位角的测算方法及方位角的推算。

距离测量是确定地面点位之间的长度测量,常用的距离测量方法有卷尺量距、全站仪测量和电磁波测距等。卷尺量距是用可卷曲的软尺沿地面丈量,属于直接量距;全站仪测量是一种利用全站仪和棱镜对相对两个点的距离测量,这种方法又快精度又高。

卷尺量距又称距离丈量,其工具简单,但易受地形条件限制,一般适用于平坦地区的测距。视距测量能克服地形条件限制,且操作方便快捷,但其测距精度低于直接丈量,且随着所测距离的增大而大大降低,适合于低精度的近距离(200m 以内)测量。

任务一　钢尺量距

一、丈量工具

1. 钢尺

钢尺又称钢卷尺,是钢制成的带状尺,尺的宽度为 10～15mm,厚度约为 0.4mm,长度有

20m、30m、50m等数种。钢尺可以卷放在圆形的尺壳内,也有的卷放在金属尺架上,如图4-1a)所示。

钢尺的基本分划为厘米,每厘米及每米处刻有数字注记,全长或尺端刻有毫米分划,如图4-1b)所示。按尺的零点刻划位置,钢尺可分为端点尺和刻线尺两种,钢尺的尺环外缘作为尺子零点的称为端点尺,尺子零点位于钢尺尺身上的称为刻线尺。

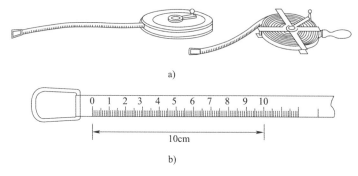

图4-1 钢尺及其分划

2. 皮尺

皮尺是用麻线或加入金属丝织成的带状尺。长度有20m、30m、50m等数种。也可卷放在圆形的尺壳内,尺上基本分划为厘米,尺面每10cm和整米有注字,尺端钢环的外端为尺子的零点,如图4-2所示。皮尺携带和使用都很方便,但是容易伸缩,量距精度低,一般用于低精度的地形的细部测量和土方工程的施工放样等。

3. 花杆和测钎

花杆又称标杆,是由直径为3~4cm的圆木杆制成,杆上按20cm间隔涂有红、白油漆,杆底部装有锥形铁脚,主要用来标点和定线,常用的有长2m和3m两种,如图4-3a)所示。另外,也有金属制成的花杆,有的为数节,用时可通过螺旋连接,携带较方便。

测钎用粗铁丝做成,长为30~40cm,按每组6根或11根,套在一个大环上,如图4-3b)所示,测钎主要用来标定尺段端点的位置和计算所丈量的尺段数。

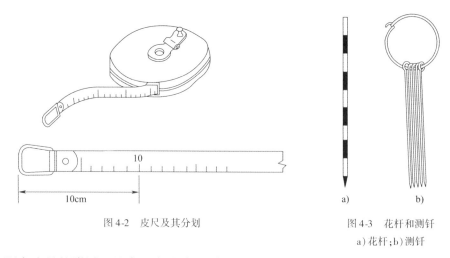

图4-2 皮尺及其分划　　图4-3 花杆和测钎
　　　　　　　　　　　　a)花杆;b)测钎

在距离丈量的附属工具中还有垂球,它主要用于对点、标点和投点。

二、直线定线

在距离丈量工作中,当地面上两点之间距离较远,不能用一尺段量完,这时,就需要在两点所确定的直线方向上标定若干中间点,并使这些中间点位于同一直线上,这项工作称为直线定线。根据丈量的精度要求可用标杆目测定线和经纬仪定线。

1. 目测定线

1) 两点间通视时花杆目测定线

如图4-4所示,设A、B两点互相通视,要在A、B两点间的直线上标出1、2中间点。先在A、B点上竖立花杆,甲站在A点花杆后约1m处,目测花杆的同侧,由A瞄向B,构成一视线,并指挥乙在1附近左右移动花杆,直到甲从A点沿花杆的同一侧看到A、1、B三支花杆在同一条线上为止。同法可以定出直线上的其他点。两点间定线,一般应由远到近进行定线。定线时,所立花杆应竖直。此外,为了不挡住甲的视线,乙持花杆应站立在垂直于直线方向的一侧。

![两点间目测定线示意图]

图4-4 两点间目测定线

2) 两点间不通视时花杆目测定线

如图4-5所示,A、B两点互不通视,这时可以采用逐渐趋近法定直线。先在A、B两点竖立花杆,甲、乙两人各持花杆分别站在C_1和D_1处,甲要站在可以看到B点处,乙要站在可以看到A点处。先由站在C_1处的甲指挥乙移动至BC_1直线上的D_1处,然后由站在D_1处的乙指挥甲移动至AD_1直线上的C_2处,接着再由站在C_2处的甲指挥乙移动至D_2,这样逐渐趋近,直到C、D、B三点在同一直线上,同时A、C、D三点也在同一直线上,则说明A、C、D、B在同一直线上。

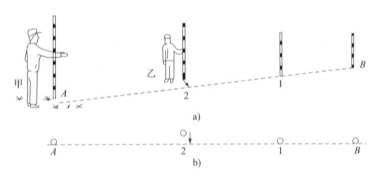

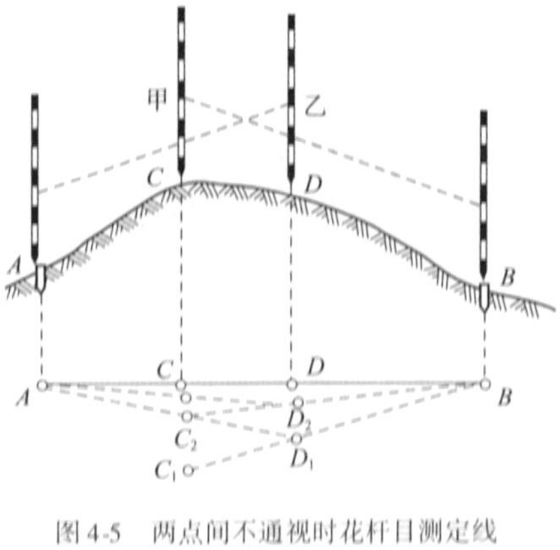

图4-5 两点间不通视时花杆目测定线

2. 经纬仪定线

精确丈量时,为保证丈量的精度,需用经纬仪定线。

两点间通视时经纬仪定线如下。

如图4-6所示,欲丈量直线AB的距离,在清除直线上的障碍物后,在A点上安置经纬仪对中、整平后,先照准B点处的花杆(或测钎),使花杆底部位于望远镜的竖丝上后固定照准部。在经纬仪所指的方向上用钢尺进行概量,依次定出比一整尺段略短的A_1、12、23、…、6B

51

等尺段。在各尺段端点打下大木桩,桩顶高出地面 3~5cm,在桩顶钉一白铁皮,用经纬仪进行定线投影,在各白铁皮上用小刀刻划出 AB 方向线,再刻划一条与 AB 方向垂直的横线,形成十字,十字中心即为 AB 线的分段点。

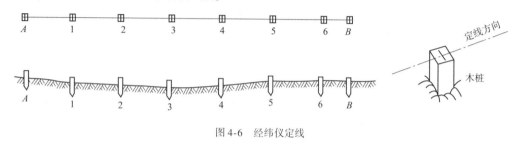

图 4-6　经纬仪定线

三、距离丈量

用钢尺或皮尺进行距离丈量的方法基本上是相同的,以下介绍用钢尺进行距离丈量的方法。钢尺量距一般需要三个人,分别担任前尺手、后尺手和记录员的工作。

1. 平坦地面的丈量方法

如图 4-7 所示,丈量前,先进行花杆定线,丈量时,后尺手甲拿着钢尺的末端在起点 A,前尺手乙拿钢尺的零点一端沿直线方向前进,将钢尺通过定线时的中间点,保证钢尺在 AB 直线上,不使钢尺扭曲,将尺子抖直、拉紧(30m 钢尺用 100N 拉力,50m 钢尺用 150N 拉力)、拉平。拉紧钢尺后,甲把尺的末端分划对准起点 A 并喊"预备",当尺拉稳拉平后喊"好",乙在所喊出的"好"的同时,把测钎对准钢尺零点刻划垂直地插入地面,这样就完成了第一整尺段的丈量。甲、乙两人抬尺前进,甲到达测钎或划记号处停住,重复上述操作,量完第二整尺段。最后丈量不足一整尺段时,乙将尺的零点刻划对准 B 点,甲在钢尺上读取不足一整尺段值,则 A、B 两点间的水平距离为:

$$D_{AB} = n \cdot l + q \tag{4-1}$$

式中:n——整尺段数;

l——整尺段长;

q——不足一整尺段值。

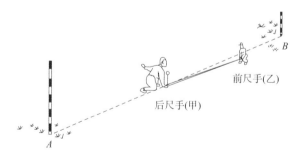

图 4-7　平坦地面的距离丈量

在平坦地面上,钢尺沿地面丈量的结果就是水平距离;丈量结果记录在表 4-1 的量距手簿上。

为了防止错误和提高丈量精度,一般需要往返丈量,在符合精度要求时,取往返丈量的平均距离为丈量结果。丈量的精度是用相对误差来表示的,它以往返丈量的差值 $\Delta D = D_{AB} - D_{BA}$ 的绝对值与往返丈量的平均距离 $D_0 = (D_{AB} + D_{BA})/2$ 之比表示,通常以 K 表示,并将分子化为 1,分母取两位有效数字即可。即:

$$K = \frac{|\Delta D|}{D_0} = \frac{1}{D_0/|\Delta D|} \qquad (4-2)$$

一般量距手簿　　　　　　　　　　表 4-1

测线		观测值(m)			精度	平均值(m)	备注
		整尺段	非整尺段	总长			
AB	往	4×30	15.309	135.309	1/3500	135.328	
	返	4×30	15.347	135.347			

相对误差的分母越大,说明量距的精度越高。在一般情况下,平坦地区的钢尺量距精度应高于 1/2000,在山区也应不低于 1/1000。

2. 斜地面的丈量方法

1) 平量法

如图 4-8 所示,当地面坡度不大时,可将钢尺抬平丈量。欲丈量 AB 间的距离,将尺的零点对准 A 点,将尺抬高,并由记录者目估使尺拉水平,然后用垂球将尺的末端投于地面上,若地面倾斜度较大、将整尺段拉平有困难时,可将这一尺段分成几段来平量,如图 4-8 中的 MN 段。

2) 斜量法

如图 4-9 所示,当地面倾斜的坡面均匀时,可以沿斜坡量出 AB 的斜距 L,测出 AB 两点的高差 h,或测出倾斜角 α,然后根据式(4-3)或式(4-4)计算 AB 的水平距离 D。

$$D = \sqrt{L^2 - h^2} \qquad (4-3)$$

$$D = L \cdot \cos\alpha \qquad (4-4)$$

图 4-8　平量法量距

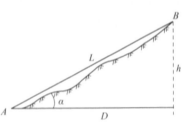

图 4-9　斜量法量距

四、钢尺量距的误差分析及注意事项

1. 量距误差分析

钢尺量距的主要误差来源有下列几种。

1)尺长误差

如果钢尺的名义长度和实际长度不符,则产生尺长误差。尺长误差是积累的,误差累积的大小与丈量距离成正比。往返丈量不能消除尺长误差,只有加入尺长改正才能消除。因此,新购置的钢尺必须经过鉴定,以求尺长改正值。

2)温度误差

钢尺的长度随温度而变化,当丈量时的温度和标准温度不一致时,将产生温度误差。钢的膨胀系数按 1.25×10^5 计算,温度每变化 19℃ 其影响为丈量长度的 1/80000。一般量距时,当温度变化小于 10℃ 时,可以不加改正,但精密量距时,必须加温度改正。

3)尺子倾斜和垂曲误差

由于地面高低不平,钢尺沿地面丈量时,尺面出现垂曲而成曲线,将使量得的长度比实际要大。因此,丈量时,必须注意尺子水平,整尺段悬空时,中间应有人托一下尺子,否则会产生不容忽视的垂曲误差。

4)定线误差

由于丈量时的尺子没有准确地放在所量距离的直线方向上,使所丈量距离不是直线而是一组折线的误差称为定线误差。一般丈量时,要求花杆定线偏差不大于 0.1m,仪器定线偏差不大于 7cm。

5)拉力误差

钢尺在丈量时所受拉力应与检定时拉力相同。否则将产生拉力误差,拉力的大小将影响尺长的变化。对于钢尺,若拉力变化 70N,尺长将改变 1/10000,故在一般丈量中,只要保持拉力均匀即可。而对较精密的丈量工作,则需使用弹簧秤。

6)对点误差

丈量时,若用测钎在地面上标志尺端点位置时,插测钎不准,或前、后尺手配合不佳,或余长读数不准,都会引起丈量误差,这种误差对丈量结果的影响可正可负,大小不定,故在丈量中应尽力做到对点准确、配合协调。

2.钢尺的维护

(1)钢尺易生锈,工作结束后,应用软布擦去钢尺上的泥和水,涂上机油,以防生锈。

(2)钢尺易折断,如果钢尺出现卷曲,切不可用力硬拉。

(3)在行人和车辆多的地区量距时,中间要有专人保护,严防钢尺被车辆压过而折断。

(4)不准将钢尺沿地面拖拉,以免磨损尺面刻划。

(5)收卷钢尺时,应按顺时针方向转动钢尺摇柄,切不可逆转,以免折断钢尺。

任务二 全站仪测距

全站仪测距是现在工程中最常用的方法,工作任务内容为选定地面 A、B 两点,进行全站仪测距,量取 A、B 两点的水平距离,达到精度要求。由于各种型号的全站仪,其规格和性能不尽相同,在操作使用上的差异则更大。因此,要全面了解、掌握一种型号的全站仪,就必须详细阅读其使用说明书。下面仅就全站仪的操作使用作提示性论述。(以图 4-10 所示科力达 KTS-440 为例)

一、测量前的准备工作

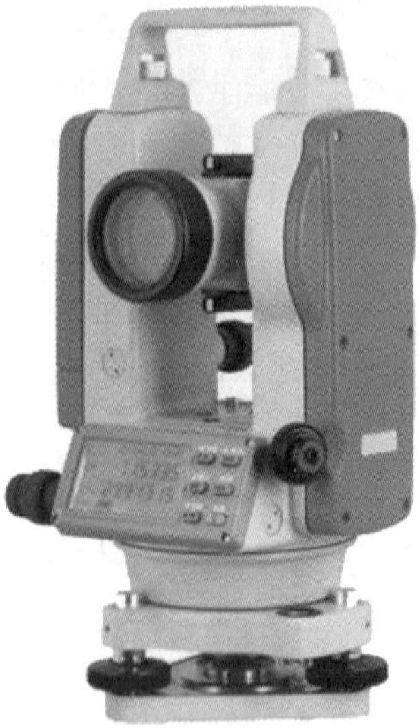

1. 安装电池

在测量前首先应检查内部电池充电情况,如电力不足,要及时充电。充电时要用仪器自带的充电器进行充电,充电时间需 12~15h,不要超出规定时间。整平仪器前应装上电池,因为装上电池后仪器会发生微小的倾斜。观测完毕须将电池从仪器上取下。

2. 架设仪器

全站仪的安置同经纬仪相似,也包括对中和整平两项工作。对中均采用光学对中器,具体操作方法与经纬仪相同。

3. 开机和显示屏显示的测量模式

检查已安装上的内部电池,即可打开电源开关。电源开启后主显示窗随即显示仪器型号、编号和软件版本,数秒后发生鸣响,仪器自动转入自检,通过后显示检查合格。数秒后接着显示电池电力情况,电压过低,应关机更换电池。

图 4-10 科力达 KTS-440 全站仪

全站仪出产时开机主显示屏显示的测量模式一般是水平度盘和竖直度盘模式,要进行其他测量可通过菜单进行调节。

4. 设置仪器参数

根据测量的具体要求,测量前应通过仪器的键盘操作来选择和设置参数。主要包括:观测条件参数设置、日期和时钟的设置、通信条件参数的设置和计量单位的设置等。

5. 其他方面

对于不同型号的全站仪,必要情况下,应根据测量的具体情况进行其他方面的设置。如:恢复仪器参数出厂设置、数据初始化设置、水平角恢复、倾角自动补偿、视准差改正及电源自动切断等。

二、全站仪的操作与使用

全站仪可以完成角度(水平角、垂直角)测量、距离(斜距、平距、高差)测量、坐标测量、放样测量、交会测量及对边测量等十多项测量工作。这里仅介绍距离测量的基本方法。

1. 参数设置

(1) 棱镜常数等参数。由于光在玻璃中的折射率为 1.5~1.6,而光在空气中的折射率近似等于1,也就是说,光在玻璃中的传播要比空气中慢,因此光在反射棱镜中传播所用的超量时间会使所测距离增大某一数值,通常称作棱镜常数。棱镜常数 P_C 的大小与棱镜直角玻璃锥体的尺寸和玻璃的类型有关,可按下式确定:

$$P_C = -\left(\frac{N_C}{N_R}a - b\right) \tag{4-5}$$

式中:N_C——光通过棱镜玻璃的群折射率;

N_R——光在空气中的群折射率;

a——棱镜前平面(透射面)到棱镜链顶的高;

b——棱镜前平面到棱镜装配支架竖轴之间的距离。

实际上,棱镜常数已在厂家所附的说明书或在棱镜上标出,供测距时使用。在精密测量中,为减少误差,应使用仪器检定时使用的棱镜类型。

(2)大气改正。由于仪器作业时的大气条件一般不与仪器选定的基准大气条件(通常称为气象参考点)相同,光尺长度会发生变化,使测距产生误差,因此必须进行气象改正(或称大气改正)。

2. 返回信号检测

当精确地瞄准目标点上的棱镜时,即可检查返回信号的强度。在基本模式或角度测量模式的情况下进行距离切换(如果仪器参数"返回信号音响"设在开启上,则同时发出音响)。如返回信号无音响,则表明信号弱,先检查棱镜是否瞄准,如果已精确瞄准,应考虑增加棱镜数。这对长距离测量尤为重要。

3. 距离测量

(1)测距模式的选择。全站仪距离测量有精测、速测(或称粗测)和跟踪测等模式可供选择,故应根据测距的要求通过键盘预先设定。距离测量模式设置见表4-2。设置方法及内容见表4-3。

距离测量模式设置　　　　　　　　　表4-2

操　　作	显　　示
在距离测量第1页菜单下,按 参数 进入距离测量参数设置屏幕,显示如右图所示。 设置下列各参数:1. 温度 　　　　　　2. 气压 　　　　　　3. 大气改正数 PPM 　　　　　　4. 棱镜常数改正值 　　　　　　5. 测距模式 　　　　　　6. 反射体类型 设置完上述参数后按 ENT	温度:20℃ 气压:1013.0hPa PPM:0　ppm　　　▲5 PC:－30mm 模式:单次精测反 射体类型:无棱镜

设置方法及内容　　　　　　　　　表4-3

设置项目	设置方法
温度	方法①输入温度、气压值后,仪器自动计算出大气改正并显示在 PPM 一栏中。
气压	
大气改正数 PPM	方法②直接输入大气改正数 PPM,此时温度、气压值将被清除
棱镜常数	输入所用棱镜的棱镜常数改正数
测距模式	按◀或▶在以下几种模式中选择: 重复精测、N次精测、单次精测、跟踪测量
反射体类型	设置反射体类型:棱镜/无棱镜/反射片

(2)开始测距(斜距 SSET、平距 HSET、高差 VSET)。精确照准棱镜中心,按距离测量键,开始距离测量,此时有关测量信息(距离类型、棱镜常数改正、气象改正和测距桩式等)将

闪烁显示在屏幕上。短暂时间后,仪器发出一短声响,提示测量完成,屏幕上显示出有关距离值(斜距 S、平距 H、高差 V)。

任务三　直线定向

确定一条直线方向的工作称为直线定向。要确定直线的方向,首先要选定一个标准方向作为直线定向的基本方向,如果测出了一条直线与基本方向线之间的水平夹角,该直线的方向就被确定。

在工程测量工作中通常是以子午线作为基本方向。子午线分真子午线、磁子午线、轴子午线三种。

一、子午线

1. 真子午线

通过地面上一点指向地球南北极的方向线就是该点的真子午线,它一般是用天文测量的方法测定,也可以用陀螺经纬仪测定。地球表面上任何一点都有它自己的真子午线方向,各点的真子午线都向两极收敛而相交于两极。地面上两点真子午线间的夹角称为子午线收敛角,如图 4-11 中的 γ 角。收敛角的大小与两点所在的纬度及东西方向的距离有关。

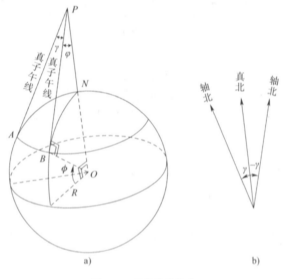

图 4-11　子午线收敛角

2. 磁子午线

地面上某点当磁针静止时所指的方向线,称为该点的磁子午线方向,磁子午线方向可用罗盘仪测定。由于地球的磁南、北极与地球南、北极并不重合,因此地面上同一点的真子午线与磁子午线虽然相近但并不重合,其夹角称为磁偏角,用 δ 表示。当磁子午线在真子午线东侧,称为东偏,δ 为正;磁子午线在真子午线西侧,称为西偏,δ 为负。磁偏角 δ 是随地点不同而变化的,因此磁子午线不宜作为精密定向的基本方向线。但是,由于确定磁子午线的方向比较方便,因而在独立地区和低等级公路仍可以利用它作为基本方向线。

3. 轴子午线（坐标子午线）

直角坐标系中的坐标纵轴所指的方向，为轴子午线方向或称坐标子午线。由于地面上各点真子午线都是指向地球的南北极，所以不同点的真子午线方向不是互相平行的，这给计算工作带来不便。因此在普通测量中一般均采用轴子午线作为基本方向。这样测区内地面各点的基本方向都是互相平行的。

在中央子午线上，其真子午线方向和轴子午线方向一致，在其他地区，真子午线与轴子午线不重合，两者所夹的角即为中央子午线与某地方子午线所夹的收敛角 γ。如图 4-11b）所示，当轴子午线在真子午线以东时，γ 为正；反之，轴子午线在真子午线以西时，γ 为负。

二、方位角

如图 4-12 所示，直线方向一般用方位角来表示。由子午线北方向顺时针旋转至直线方向的水平夹角称为该直线的方位角。方位角的角值范围为 $0°\sim360°$。

以真子午线北端起算的方位角称为真方位角，用 A 表示。

以磁子午线北端起算的方位角称为磁方位角，用 A_m 表示。

由坐标子午线（坐标纵轴）起算的方位角，称为坐标方位角，用 α 表示。

如图 4-13 所示，根据真子午线方向、磁子午线方向、轴子午线方向三者的关系，三种方位角有以下关系：

$$A = A_m + \delta \quad (\delta \text{ 东偏为正，西偏为负}) \tag{4-6}$$

$$A = \alpha + \gamma \quad (\gamma \text{ 以东为正，以西为负}) \tag{4-7}$$

因此 $\qquad A_m + \delta = \alpha + \gamma$

则有 $\qquad\qquad\alpha = A_m + \delta - \gamma \tag{4-8}$

设直线 AB 前进方向的方位角 α_{AB} 为正坐标方位角，如图 4-14 所示，其相反方向的方位角 α_{AB} 则为反坐标方位角，同一直线正、反坐标方位角相差 $180°$，即：

$$\alpha_{AB} = \alpha_{BA} \pm 180° \tag{4-9}$$

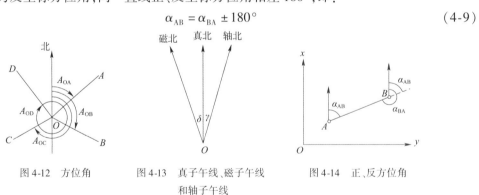

图 4-12 方位角　　图 4-13 真子午线、磁子午线和轴子午线　　图 4-14 正、反方位角

任务四　罗盘仪的构造与使用

一、罗盘仪的构造

罗盘仪是利用磁针测定直线磁方位角的一种仪器。通常用于独立测区的近似定向以及

线路和森林勘测中。图 4-15 所示为 DQL-1 型罗盘仪,它主要由望远镜、罗盘盒和基座三部分组成。

1. 望远镜

瞄准设备,和水准仪上的望远镜相似,组成部件有物镜、目镜、十字丝。望远镜的一侧附有一个竖直度盘,可以测得竖直角。

2. 罗盘盒

罗盘盒有磁针和刻度盘。磁针安装在度盘中心顶针上,可自由转动。为减少顶针的磨损,磁针在不使用时可用固定螺旋将其升起固定在玻璃盖上。刻度盘为金属圆盘,全圆刻划 360°,最小刻划为 1°,从 0°起逆时针方向每隔 10°注一数字。刻度盘 0°与 180°连线与望远镜的视准轴一致。

3. 基座

是一种球臼结构,松开球臼接头螺旋,摆动罗盘盒使水准器气泡居中,再旋紧球臼连接螺旋,使度盘处于水平位置。

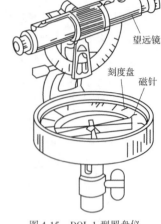

图 4-15 DQL-1 型罗盘仪

二、罗盘仪的使用

用罗盘仪测定某一直线的磁方位角的方法如下。

(1)安置罗盘仪于直线的一端点上。
(2)对中。用垂球进行对中。
(3)整平。半松开球臼接头螺旋,摆动罗盘盒使水准器气泡居中后,再旋紧球臼连接螺旋,使度盘处于水平位置。
(4)照准。望远镜瞄准直线的另一端点,其步骤与水准仪的望远镜瞄准相同。
(5)松开磁针固定螺旋,使它自由转动,待磁针静止时,读出磁针所指的度盘读数,即为该直线的磁方位角。

读数时,如果度盘上的 0°位于望远镜物镜端时,应按磁针北端读取读数;当 0°位于望远镜目镜端时,则按磁针南端读取读数。

三、使用罗盘仪注意事项

(1)罗盘仪不能在高压线区、铁矿区、铁路旁等区域使用。
(2)罗盘仪使用完毕后,应将磁针升起,固定在顶盖上。

1.何谓直线定线?在距离丈量之前,为什么要进行直线定线?目估定线通常是怎样进行的?
2.什么叫直线定向?为什么要进行直线定向?

3. 测量上作为定向依据的基本方向线有哪些?

4. 什么叫真子午线、磁子午线、坐标子午线?

5. 直线定向与直线定线有何区别?

6. 什么叫方位角?什么叫真方位角、磁方位角、坐标方位角?

7. 简述用罗盘仪测定一条直线的磁方位角的步骤。

8. 同一直线的正反方位角有什么关系?

9. 用钢尺丈量 AB 两点间的距离,往测为 172.32m,返测为 172.35m,试计算量距的相对误差?

10. 一根 30m 的钢尺,在标准拉力、温度为 20℃时钢尺长度为 29.988m。现用它丈量尺段 AB 距离,用标准拉力,丈量结果和丈量时的温度和高差见表 4-4,求尺段的实际长度。

距离丈量记录表 表 4-4

线　段	量得长度(m)	丈量温度(℃)	两端点高差(m)
AB	137.353	15.8	1.112
BA	137.341	15.7	1.112

11. 用钢尺丈量 AB 及 AC 两段直线,记录见表 4-5,求两直线的距离及丈量精度。

距离丈量记录表 表 4-5

测　段		整尺段(m)	零尺段(m)		总计(m)	校差(m)	平均值(m)	精度	备注
			一	二					
AB	往测	9×30	12.35						
	返测	9×30	12.43						
AC	往测	11×30	14.61	9.37					
	返测	11×30	9.44	14.44					

12. 用钢尺丈量一直线段距离,往测丈量的长度为 326.40m,返测为 326.50m,今规定其相对误差不应大于 1/2000,试问:

(1) 此测量成果是否满足精度要求?

(2) 按此规定精度要求,若丈量 500m 的距离,往返丈量最大可允许相差多少?

项目五

GNSS测量技术

知识目标

1. 了解 GNSS 四大导航系统及坐标系统。
2. 掌握 GNSS 定位基本概念,对五种定位方式进行区分。
3. 掌握 GNSS 系统的主要误差来源。

能力目标

1. 会正确使用 GNSS 四大导航系统。
2. 能完成 GNSS-RTK 仪器连接,设置参数等技术操作。

素质目标

1. 具备吃苦耐劳、爱岗敬业的精神,良好的职业道德与法律意识。
2. 具备良好的人际沟通、团队协作能力。
3. 具备良好的自我管理与约束能力。

重点 GNSS 四大导航系统及坐标系统、对 GNSS 四种定位方式进行区分。

难点 能完成 GNSS-RTK 仪器连接,设置参数等技术操作。

任务一 GNSS 导航系统

全球导航卫星系统(Global Navigation Satellite System,简称 GNSS),泛指所有的卫星导航系统,包括全球的、区域的和增强的,如美国的全球卫星定位系统(GPS)、俄罗斯的全球卫星定位系统(Glonass)、欧洲的全球定位系统(Galileo)、中国的北斗卫星导航系统,以及相关的增强系统,如美国的广域增强系统(WAAS)、欧洲的欧洲静地导航重叠系统(EGNOS)和日本的多功能运输卫星增强系统(MSAS)等,还涵盖在建和以后要建设的其他卫星导航系统。GNSS 系统是个多系统、多层面、多模式的复杂组合系统。

一、美国的全球卫星定位系统(GPS)

1. GPS 系统的组成

1)空间部分——GPS 卫星星座

GPS 卫星星座由 21 颗工作卫星和 3 颗在轨备用卫星组成,运行周期 11h58min(对于地面观测者来说,每天将提前4min见到同一颗GPS卫星),轨道面数6个,位于地平线以上的卫星颗数随着时间和地点的不同而不同,最少可见到4颗,最多可以见到11颗(接收机看到超过11颗的有可能是接收到日本的SBAS卫星)。

2)地面控制部分——地面监控系统

GPS工作卫星的地面监控系统包括一个主控站、3个注入站和5个监测站。主控站设在美国本土科罗拉多,3个注入站分别设在大西洋的阿森松岛、印度洋的迪戈加西亚岛和太平洋的卡瓦加兰,5个监测站除了位于主控站和3个注入站之处的4个站以外,还在夏威夷设立了一个监测站。(都由美国政府和军方控制,主要是为了控制卫星和给卫星提供播发星历等)。

3)用户设备部分——GPS信号接收机

接收GPS卫星发射信号,以获得必要的导航和定位信息,经数据处理,完成导航和定位工作。GPS接收机硬件一般由主机、天线和电源组成。

2. GPS信号的组成(码分多址技术)

GPS卫星发送的导航定位信号一般包括载波、测距码和数据码(或称D码)三类信号。GNSS卫星广播L1和L2两种频率的信号,其中L1信号载波频率为1575.42MHz,并调制了P/Y码、C/A码和数据码;L2信号载波频率为1227.60MHz,测距码仅调制了P/Y码,其中P/Y码为军用码,C/A码为民用码。

GPS导航电文(D码)是包含有关卫星星历、卫星工作状态、时间系统、卫星钟运行状态、轨道摄动改正、大气折射改正和由C/A码捕获P码等导航数据码。导航电文是利用GNSS进行定位的基础。

GNSS信号现代化:系统计划新增4个信号,L2和L5新增2个民用信号(就是某些接收机上标注的L2C和L5),在L1和L2上新增2个军用信号。

3. 坐标系统与时间系统

时间体统采用的是UTC时间,整个地球分为24时区,每个时区都有自己的本地时间。在国际无线电通信场合,为了统一起见,使用一个统一的时间,称为通用协调时(UTC,Universal Time Coordinated)。UTC与格林尼治平均时(GMT,Greenwich Mean Time)一样,都与英国伦敦的本地时相同,北京时区是东八区,领先UTC 8个小时。

坐标系统采用的是WGS-84:WGS-84坐标系是一种国际上采用的建于1984年的地心坐标系。坐标原点为地球质心,其地心空间直角坐标系的Z轴指向国际时间局(BIH)1984.0定义的协议地极(CTP)方向,X轴指向BIH 1984.0的协议子午面和CTP赤道的交点,Y轴与Z轴、X轴垂直构成右手坐标系,称为1984年世界大地坐标系。这是一个国际协议地球参考系统(ITRS),是目前国际上统一采用的大地坐标系。在国内我们往往采用的是国家坐标(北京54、西安80、新北京54等)或地方坐标,因此需要坐标转换求取当地转换参数。

二、俄罗斯的全球卫星定位系统(GLONASS)

1. 系统的组成

1)空间部分——GLONASS卫星星座

GLONASS星座由21颗工作星和3颗备份星组成,所以GLONASS星座共由24颗卫星组成。24 颗星均匀地分布在 3 个近圆形的轨道平面上,这 3 个轨道平面两两相隔 120°,每个轨道面有 8 颗卫星。

2) 地面支持系统

地面支持系统由系统控制中心、中央同步器、遥测遥控站(含激光跟踪站)和外场导航控制设备组成。地面支持系统的功能由苏联境内的许多场地来完成。随着苏联的解体,GLONASS 系统由俄罗斯航天局管理,地面支持段已经减少到只有俄罗斯境内的场地了,系统控制中心和中央同步处理器位于莫斯科,遥测遥控站位于圣彼得堡、捷尔诺波尔、埃尼谢斯克和共青城。

3) 用户设备部分——GLONASS 信号接收机

接收 GLONASS 卫星发射信号,以获得必要的导航和定位信息,经数据处理,完成导航和定位工作。GLONASS 接收机硬件一般由主机、天线和电源组成。

2. GLONASS 信号的组成(频分多址技术)

与美国的 GNSS 系统不同的是 GLONASS 系统采用频分多址(FDMA)方式,根据载波频率来区分不同卫星(GNSS 是码分多址(CDMA),根据调制码来区分卫星)。每颗 GLONASS 卫星发播的两种载波的频率分别为 $L_1 = 1,602 + 0.5625K$(MHz)和 $L_2 = 1,246 + 0.4375K$(MHz),其中 $K = 1 \sim 24$ 为每颗卫星的频率编号。所有 GNSS 卫星的载波的频率是相同的,均为 $L_1 = 1575.42$MHz 和 $L_2 = 1227.6$MHz。

GLONASS 卫星的载波上也调制了两种伪随机噪声码:S 码和 P 码。俄罗斯对 GLONASS 系统采用了军民合用、不加密的开放政策。

3. 坐标系统与时间系统

时间系统采用的是 UTC 时间,整个地球分为 24 时区,每个时区都有自己的本地时间。在国际无线电通信场合,为了统一起见,使用一个统一的时间,称为通用协调时(Universal Time Coordinated,简称 UTC)。UTC 与格林尼治平均时(Greenwich Mean Time,简称 GMT)一样,都与英国伦敦的本地时相同,北京时区是东八区,领先 UTC 8 个小时。

坐标系采用的是俄罗斯的 GLONASS 导航系统在 1993 年采用的坐标系(pz-90)。

三、伽利略定位系统(Galileo)

"伽利略"系统是世界上第一个基于民用的全球卫星导航定位系统,在 2008 年投入运行后,全球的用户将使用多制式的接收机,获得更多的导航定位卫星的信号,将无形中极大地提高导航定位的精度,这是"伽利略"计划给用户带来的直接好处。另外,由于全球将出现多套全球导航定位系统,从市场的发展来看,将会出现 GPS 与"伽利略"系统竞争的局面,竞争会使用户得到更稳定的信号、更优质的服务。世界上多套全球导航定位系统并存,相互之间的制约和互补将是各国大力发展全球导航定位产业的根本保证。

"伽利略"计划是欧洲自主、独立的全球多模式卫星定位导航系统,提供高精度、高可靠性的定位服务,实现完全非军方控制、管理,可以进行覆盖全球的导航和定位功能。"伽利略"系统还能够和美国的 GPS、俄罗斯的 GLONASS 实现多系统内的相互合作,任何用户将来都可以用一个多系统接收机采集各个系统的数据或者各系统数据的组合来实现定位导航的要求。

"伽利略"系统可以发送实时的高精度定位信息,这是现有的卫星导航系统所没有的,同时"伽利略"系统能够保证在许多特殊情况下提供服务,如果失败也能在几秒内通知客户。与美国的 GPS 相比,"伽利略"系统更先进,也更可靠。美国 GPS 向别国提供的卫星信号,只能发现地面大约 10m 长的物体,而"伽利略"的卫星则能发现 1m 长的目标。一位军事专家形象地比喻说,GPS 只能找到街道,而"伽利略"则可找到家门。

四、北斗定位系统

北斗卫星定位系统是由中国建立的区域导航定位系统。该系统由 3 颗(2 颗工作卫星、1 颗备用卫星)北斗定位卫星(北斗一号)、地面控制中心为主的地面部分、北斗用户终端三部分组成。北斗定位系统可向用户提供全天候、二十四小时的即时定位服务,授时精度可达数十纳秒(ns)的同步精度,其定位精度与 GPS 相当。北斗一号导航定位卫星由中国空间技术研究院研究制造。3 颗导航定位卫星的发射时间分别为:2000 年 10 月 31 日;2000 年 12 月 21 日;2003 年 5 月 25 日,第三颗是备用卫星。2008 年北京奥运会期间,它将在交通、场馆安全的定位监控方面,和已有的 GPS 一起,发挥"双保险"作用。

北斗一号卫星定位系统(BeiDou Navigation Satellite System,简称 BDS)是中国自主建设、独立运行,与世界其他卫星导航系统兼容共用的全球卫星导航系统,可在全球范围内全天候、全天时,为各类用户提供高精度、高可靠的定位、导航、授时服务。

任务二 GNSS 定位基本概念

一、静态定位和动态定位

按照用户接收机在定位过程中所处的运动状态,分为静态定位和动态定位两类。

静态定位:在定位过程中,接收机的位置是固定的,处于静止状态。这种静止状态是相对的。在卫星大地测量学中,所谓静止状态,通常是指待定点的位置,相对其周围的点位没有发生变化,或变化极其缓慢,以致在观测期内(数天或数星期)可以忽略。静态定位主要应用于测定板块运动、监测地壳形变、大地测量、精密工程测量、地球动力学及地震监测等领域。

动态定位:在定位过程中,接收机天线处于运动状态。

二、绝对定位和相对定位

按照参考点的不同位置,分为绝对定位和相对定位两类。

绝对定位(或单点定位):独立确定待定点在坐标系中的绝对位置。由于目前 GNSS 系统采用 WGS-84 系统,因而单点定位的结果也属该坐标系统。绝对定位的优点是一台接收机即可独立定位,但定位精度较差。该定位模式在船舶、飞机的导航,地质矿产勘探,暗礁定位,建立浮标,海洋捕鱼及低精度测量领域应用广泛。

相对定位:确定同步跟踪相同的 GNSS 信号的若干台接收机之间的相对位置的方法。可以消除许多相同或相近的误差(如卫星钟、卫星星历、卫星信号传播误差等),定位精度较高。但其缺点是外业组织实施较为困难,数据处理更为烦琐。在大地测量、工程测量、地壳形变监测等精密定位领域内得到广泛的应用。

在绝对定位和相对定位中,又都包含静态定位和动态定位两种方式。为缩短观测时间,提供作业效率,近年来发展了一些快速定位方法,如准动态相对定位法和快速静态相对定位法等。

静态相对定位的基本观测量为载波相位,由于目前静态相对定位的精度可达 10^{-6} ~ 10^{-8},所以仍旧是精密定位的基本模式。

三、差分定位

差分技术很早就被人们所应用。它实际上是在一个测站对两个目标的观测量、两个测站对一个目标的两次观测量之间进行求差。其目的在于消除公共项,包括公共误差和公共参数。在以前的无线电定位系统中已被广泛地应用。差分定位采用单点定位的数学模型,具有相对定位的特性(使用多台接收机、基准站与流动站同步观测)。

1. 差分 GNSS 定位原理

根据差分 GNSS 基准站发送的信息方式可将差分 GNSS 定位分为三类,即:位置差分、伪距差分、相位差分。

这三类差分方式的工作原理是相同的,即都是由基准站发送改正数,由用户站接收并对其测量结果进行改正,以获得精确的定位结果。所不同的是,发送改正数的具体内容不一样,其差分定位精度也不同。

1)位置差分原理

这是一种最简单的差分方法,任何一种 GNSS 接收机均可改装和组成这种差分系统。

安装在基准站上的 GNSS 接收机观测 4 颗卫星后便可进行三维定位,解算出基准站的坐标。由于存在着轨道误差、时钟误差、SA 影响(已取消)、大气影响、多径效应以及其他误差,解算出的坐标与基准站的已知坐标是不一样的,存在误差。基准站利用数据链将此改正数发送出去,由用户站接收,并且对其解算的用户站坐标进行改正。

最后得到的改正后的用户坐标已消去了基准站和用户站的共同误差,例如卫星轨道误差、SA 影响(已取消)、大气影响等,提高了定位精度。以上先决条件是基准站和用户站观测同一组卫星的情况。

位置差分法适用于用户与基准站间距离在 100km 以内的情况。

2)伪距差分原理

伪距差分是目前用途最广的一种技术。几乎所有的商用差分 GNSS 接收机均采用这种技术。国际海事无线电委员会推荐的 RTCM SC-104 也采用了这种技术。

在基准站上的接收机要求得它至可见卫星的距离,并将此计算出的距离与含有误差的测量值加以比较。利用一个 α-β 滤波器将此差值滤波并求出其偏差。然后将所有卫星的测距误差传输给用户,用户利用此测距误差来改正测量的伪距。最后,用户利用改正后的伪距来解出本身的位置,就可消去公共误差,提高定位精度。

与位置差分相似,伪距差分能将两站公共误差抵消,但随着用户到基准站距离的增加又出现了系统误差,这种误差用任何差分法都是不能消除的。用户和基准站之间的距离对精度有决定性影响。

3）载波相位差分原理

测地型接收机利用 GNSS 卫星载波相位进行的静态基线测量获得了很高的精度（$10^{-6} \sim 10^{-8}$）。但为了可靠地求解出相位模糊度，要求静止观测 1~2h 或更长时间。这样就限制了在工程作业中的应用。于是探求快速测量的方法应运而生。例如，采用整周模糊度快速逼近技术（FARA）使基线观测时间缩短到 5min，采用准动态（Stop and Go）、往返重复设站（Re-occupation）和动态（Kinematic）来提高 GNSS 作业效率。这些技术的应用对推动精密 GNSS 测量起了促进作用。但是，上述这些作业方式都是事后进行数据处理，不能实时提交成果和实时评定成果质量，很难避免出现事后检查不合格造成的返工现象。

差分 GNSS 的出现，能实时给出定载体的位置，精度为米级，满足了引航、水下测量等工程的要求。位置差分、伪距差分、伪距差分相位平滑等技术已成功地用于各种作业中。随之而来的是更加精密的测量技术——载波相位差分技术。

载波相位差分技术又称 RTK 技术（Real Time Kinematic），是建立在实时处理两个测站的载波相位基础上的。它能实时提供观测点的三维坐标，并达到厘米级的高精度。

与伪距差分原理相同，由基准站通过数据链实时将其载波观测量及站坐标信息一同传送给用户站。用户站接收 GNSS 卫星的载波相位与来自基准站的载波相位，并组成相位差分观测值进行实时处理，能实时给出厘米级的定位结果。

实现载波相位差分 GNSS 的方法分为两类：修正法和差分法。前者与伪距差分相同，基准站将载波相位修正量发送给用户站，以改正其载波相位，然后求解坐标。后者将基准站采集的载波相位发送给用户台进行求差解算坐标。前者为准 RTK 技术，后者为真正的 RTK 技术。

2. GNSS 差分定位技术

差分技术很早就被人们所应用。它实际上是在一个测站对两个目标的观测量、两个测站对一个目标的观测量或一个测站对一个目标的两次观测量之间进行求差。其目的在于消除公共项，包括公共误差和公共参数。在以前的无线电定位系统中已被广泛地应用。

GNSS 是一种高精度卫星定位导航系统。在实验期间，它能给出高精度的定位结果。这时尽管有人提出利用差分技术来进一步提高定位精度，但由于用户要求还不迫切，所以这一技术发展较慢。随着 GNSS 技术的发展和完善，应用领域的进一步开拓，人们越来越重视利用差分 GNSS 技术来改善定位性能。它使用一台 GNSS 基准接收机和一台用户接收机，利用实时或事后处理技术，就可以使用户测量时消去公共的误差源——电离层和对流层效应。特别提出的是，当 GNSS 工作卫星升空时，美国政府实行了 SA 政策。使卫星的轨道参数增加了很大的误差，致使一些对定位精度要求稍高的用户得不到满足。因此，现在发展差分 GNSS 技术就显得越来越重要。

GNSS 定位是利用一组卫星的伪距、星历、卫星发射时间等观测量来实现的，同时还必须知道用户钟差。因此，要获得地面点的三维坐标，必须对 4 颗卫星进行测量。

在这一定位过程中，存在着三部分误差。一部分是对每一个用户接收机所公有的，例如，卫星钟误差、星历误差、电离层误差、对流层误差等；第二部分为不能由用户测量或由校正模型来计算的传播延迟误差；第三部分为各用户接收机所固有的误差，如内部噪声、通道延迟、多径效应等。利用差分技术,第一部分误差完全可以消除,第二部分误差大部分可以消除,其主要取决于基准接收机和用户接收机的距离,第三部分误差则无法消除。

除此以外,美国政府实施了SA政策,其结果使卫星钟差和星历误差显著增加,使原来的实时定位精度从15m降至100m。在这种情况下,利用差分技术能消除这一部分误差,更显示出差分GNSS的优越性。

3. 载波相位动态实时差分RTK技术

常规的GNSS测量方法,如静态、快速静态、动态测量都需要事后进行解算才能获得厘米级的精度,而RTK是能够在野外实时得到厘米级定位精度的测量方法,它采用了载波相位动态实时差分(Real Time Kinematic)方法,是GNSS应用的重大里程碑,它的出现为工程放样、地形测图、各种控制测量带来了新曙光,极大地提高了外业作业效率。

高精度的GNSS测量必须采用载波相位观测值,RTK定位技术就是基于载波相位观测值的实时动态定位技术,它能够实时地提供测站点在指定坐标系中的三维定位结果,并达到厘米级精度。在RTK作业模式下,基准站通过数据链将其观测值和测站坐标信息一起传送给流动站。流动站不仅通过数据链接收来自基准站的数据,还要采集GNSS观测数据,并在系统内组成差分观测值进行实时处理,同时给出厘米级定位结果,历时不到1s。流动站可处于静止状态,也可处于运动状态;可在固定点上先进行初始化后再进入动态作业,也可在动态条件下直接开机,并在动态环境下完成周模糊度的搜索求解。在整周未知数解固定后,即可进行每个历元的实时处理,只要能保持4颗以上卫星相位观测值的跟踪和必要的几何图形,则流动站可随时给出厘米级定位结果。

RTK技术的关键在于数据处理技术和数据传输技术,RTK定位时要求基准站接收机实时地把观测数据(伪距观测值,相位观测值)及已知数据传输给流动站接收机,数据量比较大,一般都要求9600的波特率,这在无线电上不难实现。

RTK定位技术可广泛用于以下方面。

1)各种控制测量

传统的大地测量、工程控制测量采用三角网、导线网方法来施测,不仅费工费时,要求点间通视,而且精度分布不均匀,且在外业不知精度如何,采用常规的GNSS静态测量、快速静态、伪动态方法,在外业测设过程中不能实时知道定位精度,如果测设完成后,回到内业处理后发现精度不符合要求,还必须返测,而采用RTK来进行控制测量,能够实时知道定位精度,如果点位精度要求满足了,用户就可以停止观测了,而且知道观测质量如何,这样可以大大提高作业效率。如果把RTK用于公路控制测量、电子线路控制测量、水利工程控制测量、大地测量,则不仅可以大大减少人力强度、节省费用,而且大大提高工作效率,测一个控制点在几分钟甚至于几秒内就可完成。

2)地形测图

过去测地形图时一般首先要在测区建立图根控制点,然后在图根控制点上架上全站仪或经纬仪配合小平板测图,现在发展到外业用全站仪和电子手簿配合地物编码,利用大比例尺测图软件来进行测图,甚至于发展到最近的外业电子平板测图等,都要求在测站上测四周的地形地貌等碎部点,这些碎部点都与测站通视,而且一般要求至少2~3人操作,需要在拼图时一旦精度不符合要求还得到外业去返测,现在采用 RTK 时,仅需一人背着仪器在要测的地形地貌碎部点等待 1~2s,并同时输入特征编码,通过手簿可以实时知道点位精度,把一个区域测完后回到室内,由专业的软件接口就可以输出所要求的地形图,这样用 RTK 仅需一人操作,不要求点间通视,大大提高了工作效率,采用 RTK 配合电子手簿可以测设各种地形图,如普通测图、铁路线路带状地形图的测设,公路管线地形图的测设,配合测深仪可以用于测水库地形图,航海海洋测图等。

3)放样工程

放样是测量一个应用分支,它要求通过一定方法采用一定仪器把人为设计好的点位在实地给标定出来,过去采用常规的放样方法很多,如经纬仪交会放样,全站仪的边角放样等,一般要放样出一个设计点位时,往往需要来回移动目标,而且要 2~3 人操作,同时在放样过程中还要求点间通视情况良好,在生产应用上效率不是很高,有时放样中遇到困难的情况会借助于很多方法才能放样,如果采用 RTK 技术放样时,仅需把设计好的点位坐标输入到电子手簿中,背着 GNSS 接收机,它会提醒你走到要放样点的位置,既迅速又方便,由于 GNSS 是通过坐标来直接放样的,而且精度很高也很均匀,因而在外业放样中效率会大大提高,且只需一个人操作。

任务三　GNSS-RTK 测量

GNSS-RTK 测量是实时动态载波相位差分 GNSS 测量,是指在运动状态下通过跟踪处理接收卫星信号的载波相位,从而获得比 RTD 高得多的定位精度。为了和常规的码相位差分 GNSS 相区别,称实时动态载波相位差分 GNSS-RTK。

GNSS-RTK 是在载波相位上进行测量,所以精度很高,可以达到几厘米或几分米的精度,这样高的精度其应用领域非常广泛。

实时动态载波相位测量是差分 GNSS 测量技术的一大突破,它把实时动态下的定位精度提高到过去只能在静态测量中经过较长时间(1~2h)测量,而且需要事后处理才能得到的精度——几厘米或几分米。由于 GNSS-RTK 测量精度高,而且是实时,无须事后处理,因此它已使当前 GNSS 技术发展到最高点。它的应用领域已扩大到许多方面。

一、GNSS-RTK 系统用户部分的组成

GNSS-RTK 技术是大地测量、空间技术、卫星技术、无线电通信与计算机技术的综合集成,在许多领域发挥着重大作用。

GNSS-RTK 系统主要由一个基准站、若干个流动站、通信系统和 RTK 测量的软件系统等四大部分组成。其中,基准站,包括 GNSS-RTK 接收机(接收机通常具有数据传输参数、测量参数、坐标系统等的设置功能)、GNSS-RTK 天线、无线电通信发射设备、电源、基准站控制器等设备。流动站,包括 GNSS-RTK 天线、GNSS-RTK 接收机、无线电通信接收设备、电源、流动站控制器。GNSS-RTK 系统的工作流程如图 5-1 所示。

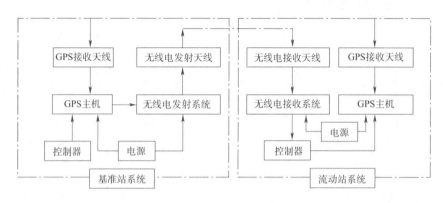

图 5-1 GNSS-RTK 系统工作原理

二、GNSS-RTK 突出的优点

(1) 高精度。采用高性能双频机可达到 $2cm + 2 \times 10^{-6} \times D$,性能差的也可达到亚米级。

(2) 实时性能。在现场即可得到三维坐标,并能实时放样出设计坐标。

(3) 轻便灵活。设备都非常轻便,不包括电源基准台只有十几千克,移动台只有几千克,搬迁安装非常灵活。

三、GNSS-RTK 的应用领域

高精度的工程测量,如航道测量、地形测图、道路工程等。

(1) 地震测线放样。可以根据设计测线的检波点及炮点位置在实地确认。由于有很高的三维坐标精度,在陆地测量中,可以同时得到点位的平面位置和高程。

(2) 代替常规的 GNSS 静态控制测量。因几厘米或几分米的精度可以满足一般工程测量中的控制精度要求,无须长时间静态测量事后处理。

四、GNSS-RTK 系统工作及数据处理

1. GNSS-RTK 系统工作示意图

实时动态测量 RTK 是基于载波相位观测值的实时动态定位技术。在 RTK 作业模式下,基准站通过数据链——调制解调器,将其观测值及站点的坐标信息用电磁信号一起发送给流动站。流动站不仅接收来自基准站的数据,同时自身也要采集 GNSS 卫星信号,并取得观测数据,在系统内组成差分观测值进行实时处理,瞬时地给出精度为厘米级(相对于参考站)的流动站点位坐标。GNSS-RTK 系统外业工作如图 5-2 所示。

流动站可在一固定点上先进行初始化后再进入动态作业,也可在动态条件下直接开机,并在动态环境下完成整周未知数的搜索求解,在整周未知数解集固定下来以后,即可进行每一历元的实时处理。只要能保持 4 颗以上卫星相位观测值的连续锁定和它们具有必要的几何图形强度,则测程在 10km(本系统精度保证范围)以内的流动站可随时给出厘米级精度的点位成果。

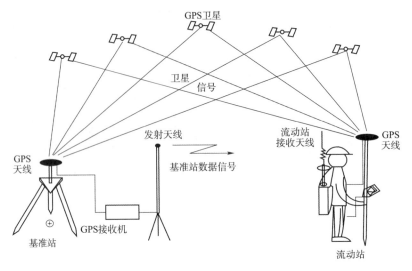

图 5-2　GNSS-RTK 系统外业工作示意图

2. GNSS-RTK 数据处理流程示意图

在 GNSS-RTK 作业模式下，基准站通过数据链将其观测值（伪距和载波相位观测值）和测站坐标信息（如基准站坐标和天线高度）一起传送给流动站，流动站在完成初始化后，一方面通过数据链接接收来自基准站的数据，另外自身也采集 GNSS 观测数据，并在系统内组成差分观测值进行实时处理，再经过坐标转换、高程拟合和投影改正，即可给出实用的厘米级定位结果，如图 5-3 所示。

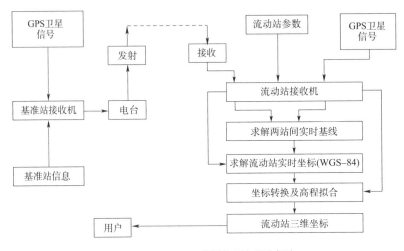

图 5-3　GNSS-RTK 数据处理流程示意图

五、GNSS-RTK 仪器的技术操作

1. 连接

首先，用手簿连接接收机和外设设备。

（1）选择设备类型：设备类型包括 RTK、Android 设备、外置定位模块、演示模式。

（2）选择连接方式：可选择的连接方式为蓝牙连接、WiFi，如图 5-4 所示。

项目五　GNSS测量技术

图 5-4　连接外设设备界面

①WiFi 连接。使用 WiFi 连接方式时，设备类型必须选择智能 RTK，点击连接热点后面的列表，进入 WLAN 界面，点击扫描找到当前所要连接的接收机 SN 号，输入 WiFi 密码，点击连接，连接成功会有提示，待连接完成之后返回进入连接界面。

②蓝牙连接。使用蓝牙连接方式时，设备类型都支持，点击目标蓝牙后面的列表，进入蓝牙设备界面，选择管理蓝牙，点击搜索设备，找到当前所要连接的接收机 SN 号，选择配对，配对成功之后返回进入连接界面点击连接，连接成功或失败都有相关提示信息。

（3）选择天线类型：点击列表，打开天线类型列表框，选择相应的天线类型，点击详情查看某一天线类型的具体参数，也可自定义进行添加、编辑和删除某一天线，如图 5-5 所示。天线类型中增加 i50/X5/T3/E91/M7/M3 天线类型参数。

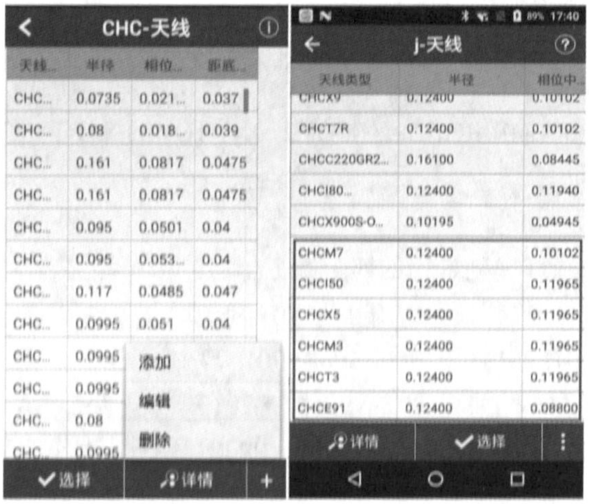

图 5-5　天线列表界面

下次自动连接：选择"是"，下次打开软件自动连接当前连接的仪器。

（4）点击【连接】，连接成功或失败都有相关提示信息，并显示当前设备型号、连接类型。

【断开】：断开与当前接收机的连接。

2.基准站设置

基站设置主界面显示的是设备的配置集,里面涵盖了对接收机设备工作模式的各项设置。大多数情况下,我们使用默认的工作模式即可满足日常使用。

三声关机,四声动态,五声静态,六声恢复初始设置,DL 灯常亮,STA 灯 5s 闪一次,表示处在静态模式;DL 灯 5s 快闪两次,表示处在动态模式动态时。

进入【基站设置】(图 5-6),可以创建工作模式,选择之前新建好的工作模式。

图 5-6　基站设置界面

【数据双发】主要是针对专业基站使用。

【数据链】设置接收当前的工作方式,可选择电台、网络、手簿网络。

已知点启动基准站(网络模式),如图 5-7 所示。

(1)数据链:选择内置网络。

(2)名称:自定义命名。

(3)差分格式:包含 CMR/CMR+/RTCM2.X/RTCM3.X/RTCM3.2(三星)/SCMR(三星)、Auto,选择一种即可。

(4)网络协议:选择 APIS。

(5)IP 地址、端口:选择华测常用的四个服务器,IP 或域名及端口如下:

①211 服务器 IP:211.144.120.97 端口:9901-9920。

②101 服务器 IP:101.251.112.206 端口:9901-9920。

③apis1 服务器域名:apis1.huace.cn:9901-9920(不区分大小写)。

④apis2 服务器域名:apis2.huace.cn:9901-9920(不区分大小写)。

(6)APN 设置:输入 APN 接入点和服务商号码,常用 APN 为"CMNET"或 3gnet,服务商号码为"*99***1#"。

(7)点击保存并应用,弹出下面文件,如图 5-8 所示。

天线参数选择垂高或者斜高,量高即为量取的高度,点名可自己命名,已知点可以库选,也可以现场采集。

图 5-7　已知点启动基准站界面　　图 5-8　已知点输入界面

(8)点击确定,完成已知点启动基准站网络模式下的设置。

3. 移动站设置

三声关机,四声动态,五声静态,六声恢复初始设置,七声是基准站和移动站互换,DL 灯常亮,STA 灯 5s 闪一次,表示处在静态模式;动态模式动态时,DL 灯 1s 闪一次。

自启动移动站(网络模式)设置如图 5-9 所示。

图 5-9　移动站设置界面

(1)超级双收:主要针对口袋 RTK。

(2)数据链:选择网络。

(3)名称:自定义命名。

(4)通信协议:选择 APIS。

(5)IP 地址、端口:输入华测常用服务器中的任意一个,如 101.251.112.206;9902。

(6)APN 设置:输入 APN 接入点和服务商号码,常用 APN 为"CMNET"或 3gnet,服务商号码为"*99***1#"。

(7)基站 ID:输入移动站绑定的基准站 S/N 号。

(8)点击保存并应用,如图 5-10 所示。

4.参数设置

新建工程,在工程之星软件中如图 5-11 所示操作。

 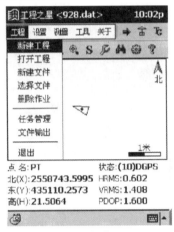

图 5-10　保存并应用界面　　　　图 5-11　新建工程

作业文件名如图 5-12 所示。

椭球设置如图 5-13 所示。

投影参数设置如图 5-14 所示。

图 5-12　作业文件名　　　图 5-13　椭球设置　　　图 5-14　投影参数设置

任务四　GNSS 主要误差来源

在 GNSS 卫星定位测量中,影响观测量精度的主要误差来源一般可分为三类:与 GNSS 卫星有关的误差:卫星轨道误差、卫星时表误差。

1.与卫星有关的误差

1)卫星星历误差

卫星星历误差是指卫星星历给出的卫星空间位置与卫星实际位置间的偏差,由于卫星空间位置是由地面监控系统根据卫星测轨结果计算求得的,所以又称卫星轨道误差。它是一种起始数据误差,其大小取决于卫星跟踪站的数量及空间分布、观测值的数量及精度、轨道计算时所用的轨道模型及定轨软件的完善程度等。星历误差是 GNSS 测量的重要误差来源。

2) 卫星钟差

卫星钟差是指 GNSS 卫星时钟与 GNSS 标准时间的差别。为了保证时钟的精度,GNSS 卫星均采用高精度的原子钟,但它们与 GNSS 标准时之间的偏差和漂移和漂移总量仍在 0.1～1ms 以内,由此引起的等效误差将达到 30～300km。这是一个系统误差,必须加于修正。

3) SA 干扰误差

SA 误差是美国军方为了限制非特许用户利用 GNSS 进行高精度点定位而采用的降低系统精度的政策,简称 SA 政策,它包括降低广播星历精度的 ε 技术和在卫星基本频率上附加一随机抖动的 δ 技术。实施 SA 技术后,SA 误差已经成为影响 GNSS 定位误差的最主要因素。虽然美国在 2000 年 5 月 1 日取消了 SA,但是战时或必要时,美国可能恢复或采用类似的干扰技术。SA 技术其主要内容是:①在广播星历中有意地加入误差,使定位中的已知点(卫星)的位置精度大为降低;②有意地在卫星钟的钟频信号中加入误差,使钟的频率产生快慢变化,导致测距精度大为降低。

4) 相对论效应的影响

这是由于卫星钟和接收机所处的状态(运动速度和重力位)不同引起的卫星钟和接收机钟之间的相对误差。

2. 与传播途径有关的误差

1) 电离层折射

在地球上空距地面 50～100km 的电离层中,气体分子受到太阳等天体各种射线辐射产生强烈电离,形成大量的自由电子和正离子。当 GNSS 信号通过电离层时,与其他电磁波一样,信号的路径要发生弯曲,传播速度也会发生变化,从而使测量的距离发生偏差,这种影响称为电离层折射。对于电离层折射可用三种方法来减弱它的影响:

(1) 利用双频观测值,利用不同频率的观测值组合来对电离层的延尺进行改正。

(2) 利用电离层模型加以改正。

(3) 利用同步观测值求差,这种方法对于短基线的效果尤为明显。

2) 对流层折射

对流层的高度为 40km 以下的大气底层,其大气密度比电离层更大,大气状态也更复杂。对流层与地面接触并从地面得到辐射热能,其温度随高度的增加而降低。GNSS 信号通过对流层时,也使传播的路径发生弯曲,从而使测量距离产生偏差,这种现象称为对流层折射。减弱对流层折射的影响主要有三种措施:

(1) 采用对流层模型加以改正,其气象参数在测站直接测定。

(2) 引入描述对流层影响的附加待估参数,在数据处理中一并求得。

(3) 利用同步观测量求差。

3) 多路径效应

测站周围的反射物所反射的卫星信号(反射波)进入接收机天线,将和直接来自卫星的信号(直接波)产生干涉,从而使观测值偏离,产生所谓的"多路径误差"。这种由于多路径的信号传播所引起的干涉时延效应被称作多路径效应。减弱多路径误差的方法主要有：

(1)选择合适的站址。测站不宜选择在山坡、山谷和盆地中，应离开高层建筑物。

(2)选择较好的接收机天线，在天线中设置径板，抑制极化特性不同的反射信号。

3. 与 GNSS 接收机有关的误差

1) 接收机钟差

GNSS 接收机一般采用高精度的石英钟，接收机的钟面时与 GNSS 标准时之间的差异称为接收机钟差。把每个观测时刻的接收机钟差当作一个独立的未知数，并认为各观测时刻的接收机钟差间是相关的，在数据处理中与观测站的位置参数一并求解，可减弱接收机钟差的影响。

2) 接收机的位置误差

接收机天线相位中心相对测站标石中心位置的误差，称为接收机位置误差。其中包括天线置平和对中误差，量取天线高误差。在精密定位时，要仔细操作，来尽量减少这种误差影响。在变形监测中，应采用有强制对中装置的观测墩。相位中心随着信号输入的强度和方向不同而有所变化，这种差别称为天线相位中心的位置偏差。这种偏差的影响可达数毫米至厘米。而如何减少相位中心的偏移是天线设计中的一个重要问题。在实际工作中若使用同一类天线，在相距不远的两个或多个测站同步观测同一组卫星，可通过观测值求差来减弱相位偏移的影响。但这时各测站的天线均应按天线附有的方位标进行定向，使之根据罗盘指向磁北极。

3) 接收机天线相位中心偏差

在 GNSS 测量时，观测值都是以接收机天线的相位中心位置为准的，而天线的相位中心与其几何中心，在理论上应保持一致。但是观测时天线的相位中心随着信号输入的强度和方向不同而有所变化，这种差别称为天线相位中心的位置偏差。这种偏差的影响可达数毫米至厘米。而如何减少相位中心的偏移是天线设计中的一个重要问题。

习　题

1. 什么叫 GNSS？它于何时完成？经历了哪几个阶段？
2. GNSS 由几部分组成？简述各部分的主要功能。
3. 简述 GNSS 确定地面点位的思路。
4. 什么叫绝对定位、相对定位、静态定位和动态定位？
5. 简述 GNSS 的主要特点。
6. GNSS 测量有哪几种作业模式？各有什么特点？
7. 什么叫 GNSS-RTK？简述其组成。
8. 简述 GNSS-RTK 的工作原理。
9. 分析 GNSS 测量误差的来源，并说明其对定位精度的影响。
10. 在 GNSS 定位测量中，什么叫多路径效应？它是怎样产生的？如何削弱其对 GNSS 定位测量所带来的影响？试举例说明。
11. 电离层误差、对流层误差是怎样产生的？

项目六

测量误差

知识目标

1. 了解测量误差来源及产生的原因;掌握系统误差和偶然误差的特点及其处理方法。
2. 理解精度评定的指标(中误差、相对误差、容许误差)的概念。
3. 了解误差的传播定律及应用。

能力目标

1. 会正确使用误差评定指标对观测数据进行评定。
2. 能分析产生误差的原因,并采取相应的措施削减误差。

素质目标

1. 具备吃苦耐劳、爱岗敬业的精神,良好的职业道德与法律意识。
2. 具备良好的人际沟通、团队协作能力。
3. 具备良好的自我管理与约束能力。

重点 系统误差和偶然误差的特点及其处理方法。
难点 中误差、相对误差、极限误差的概念;误差传播定律的应用。

任务一 测量误差基本知识

一、测量误差及其产生的原因

在测量工作中,由于仪器设备不够完善(仪器误差),观测者感官的局限性(观测误差),以及外部环境展间变化的随机性(外界影响),使得对某量的观测值偏离了该量的真值或理论值,而产生真误差或闭合差统称为测量误差,简称误差。例如,对某一三角形的内角进行观测,三内角观测值之和不等于180°(三角形内角和的理论值);又如观测某团合水准路线,其高差闭合差的观测值不等于零(理论值)等,均说明观测中存在误差的客观性和普遍性。

测量误差产生的原因主要有以下三个方面。

1. 仪器设备

测量工作是利用测量仪器进行的,而每一种测量仪器都具有一定的精确度,因此,会使测量结果受到一定的影响。例如,钢尺的实际长度和名义长度总存在差异,由此所测的长度总存在尺长误差。再如,水准仪的视准轴不能提供水平视线,也会使观测的高差产生 i 角误差。

2. 观测者

由于观测者的感觉器官的鉴别能力存在一定的局限性,所以,对于仪器的对中、整平、瞄准、读数等操作都会产生误差。例如,在厘米分划的水准尺上,由观测者估读毫米数,则 1mm 以下的估读误差是完全有可能产生的。另外,观测者技术熟练程度、工作态度也会给观测成果带来不同程度的影响。

3. 外界环境

观测时所处的外界环境中的温度、风力、大气折光、湿度、气压等客观情况时刻在变化,也会使测量结果产生误差。例如,温度变化使钢尺产生伸缩,大气折光使望远镜的瞄准产生偏差等。

上述三方面的因素是引起观测误差的主要来源,因此把这三方面因素综合起来称为观测条件。观测条件的好坏与观测成果的质量有着密切的联系。在同一观测条件下的观测称为等精度观测,反之,称为不等精度观测。相应的观测值称为等精度观测值和不等精度观测值。

二、测量误差的分类与处理原则

测量误差按其对观测成果的影响性质,可分为系统误差和偶然误差两大类。前者为大误差,多发生于仪器设备;后者属小误差,多由一系列不可抗拒的随机扰动所致。

1. 系统误差

在相同的观测条件下,对某一固定量进行一系列的观测,若误差的大小及符号相同,按一定的规律变化,那么这类误差称为系统误差。例如,用一名义为 50m 长,而实际长度为 50.005m 的钢尺丈量距离,每量一尺段就要少量 5mm,该 5mm 误差在数值上和符号上都是固定的,且随着尺段数的增加呈累积性。

在相同的观测条件下,无论在个体和群体上,系统误差呈现出以下特性:

(1)误差的绝对值为一常量,或按一定的规律变化。

(2)误差的正负号保持不变,或按一定的规律变化。

(3)误差的绝对值随着单一观测值的倍数而积累。

系统误差对测量成果影响较大,且具有累积性,应尽可能消除或限制到最低程度,其常用的处理方法有:

(1)检校仪器。把系统误差降低到最低程度,如降低指标差等。

(2)加改正数。在观测结果中加入系统误差改正数,如尺长改正等。

(3)采用适当的观测方法。使系统误差相互抵消或减弱,如测水平角时采用盘左、盘右观测以消除视准轴误差,测竖直角时采用盘左、盘右观测以消除指标差,采用前后视距相等来消除由于水准仪的视准轴不水平带来的 i 角误差等。

2. 偶然误差

在相同的观测条件下,对某一固定量进行一系列的观测,大量的观测数据表明,误差出现的大小及符号在个体上没有任何规律,纯属偶然性,但从总体上看,误差的取值范围、大小和符号却服从一定的统计规律,这类误差称为偶然误差,或随机误差。例如,在厘米分划的水准尺上读数,由观测者估读毫米数时,有时估读偏大,有时估读偏小。又如大气折光使望远镜中目标成像不稳定,使观测者瞄准目标时,有时偏左,有时偏右等。

从单个误差来看大小及符号均没有一定的规律变化而表现出偶然性,从大量的偶然误差总体来看具有一定的统计规律,并且随着观测次数的增多,这种规律表现得越明显。下面,结合某观测示例,用统计的方法进行分析。

在某一测区,于相同的观测条件下共观测了 365 个三角形的全部内角。由于每个三角形内角之和的真值(180°)为已知,因此,可以计算每个三角形内角之和的真误差 Δ_i;(三角形内角和闭合差),将它们分为负误差、正误差,按绝对值由小到大排列次序;以误差区间 $d\Delta = 3''$ 进行误差个数 n_i 的统计,并计算其相对个数 $n_i/n (n = 365)$,n_i/n 称为误差出现的频率。偶然误差的统计见表 6-1。

偶然误差分析统计表　　　　表 6-1

内角和误差区间	负误差		正误差	
	k	k/n	k	k/n
0″~2″	47	0.129	46	0.126
2″~4″	42	0.115	41	0.112
4″~6″	32	0.088	34	0.093
6″~8″	22	0.060	22	0.060
8″~10″	16	0.044	18	0.050
10″~12″	12	0.033	14	0.039
12″~14″	6	0.016	7	0.019
14″~16″	3	0.008	3	0.008
16″以上	0	0	0	0
Σ	180	0.493	185	0.507

注:1. k——误差;

2. k/n——误差频率。

从表 6-1 的统计中,可以归纳出偶然误差有界性、偶然性、对称性、抵偿性四个方面的特点:

(1)在一定的条件下,偶然误差的绝对值不会超过一定的限度,体现了有界性。

(2)绝对值小的误差比绝对值大的误差出现的机会要多,体现为密集性、区间性。

(3)绝对值相等的正、负误差出现的机会相等,可相互抵消,体现为对称性。

(4)同一量的等精度观测,其偶然误差的算术平均值,随着观测次数的增加而趋近于零,体现抵偿性。即:

$$\lim_{n \to \infty} \frac{[\Delta]}{n} = 0 \quad (6-1)$$

式中:$[\Delta]$——偶然误差的代数和,$[\Delta] = \Delta_1 + \Delta_2 + \cdots + \Delta_n$。

误差的分布情况,除了采用表格的形式表达外,还可以用图形来表达。

如图 6-1 所示,用频率直方图表示的偶然误差统计,频率直方图中,每一条形的面积表示误差出现在该区间的频率 k/n,而所有条形的总面积等于 1;频率直方图的中间高、两边低,并向横轴逐渐逼近,对称于 y 轴;各条形顶边中点连线经光滑后的曲线形状,表现出偶然误差的普遍规律。

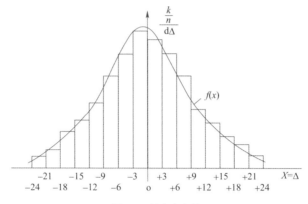

图 6-1 频率直方图

偶然误差是不可避免的,在测量中为了降低偶然误差的影响,提高观测精度,通常采用以下方法处理偶然误差:

(1)提高仪器等级。使观测值的精度得到有效的提高,从而限制了偶然误差的大小。

(2)降低外界影响。选择有利的观测环境和观测时间,避免不稳定因素的影响,以减小观测值的波动;提高观测人员的技术修养和实践技能,正确处理观测与影响因子的协调关系和抗外来影响的能力,以稳、准、快地获取观测值;严格按照技术标准和操作程序观测等,以达到稳定和减少外界影响,缩小偶然误差的波动范围。

(3)进行多余观测。在测量工作中进行多于必要观测的观测,称为多余观测。例如,一段距离用往返丈量,如将往测作为必要观测,则返测就属于多余观测;又如,由三个地面点构成一个平面三角形,在三个点上进行水平角观测,其中两个角度属于必要观测,则第三个角度的观测就属于多余观测。有了多余观测,就可以发现观测值的误差。由于观测值中的偶然误差不可避免,有了多余观测,在观测值之间必然产生不符值即闭合差。根据差值的大小,可以评定测量的精度,闭合差值如果大到一定程度,就认为观测值误差超限,应予重测(返工);闭合差值如果不超限,则按偶然误差的规律加以处理,以求得最可靠的数值。

需要注意的是,观测中应避免出现粗差。即由于观测者本身疏忽造成的错误。如读错、记错。粗差不属于误差范畴,它会影响测量成果的可靠性,直至造成测量的返工。测量时必须遵守测量规范,要认真操作、随时检查,并进行结果校核。

任务二 衡量精度的标准

精度的衡量有了统一的标准,才能正确地评定观测成果的精度,以便确定其是否符合要求。前面已提到,观测结果的精度与观测条件有着密切的关系,观测条件好,则观测结果的精度高;观测条件不好,则观测结果的精度低。在一定观测条件下进行的一组观测对应着一组确定的误差分布,若误差较集中于零附近,就是误差离散度小,反之误差离散度大。根据正态分布原理,离散度小,表明该组观测质量好,精度高;离散度大,表明该组观测质量差,精度低。精度的衡量可以用列表法或画图法来衡量,但比较麻烦,所以常用一个具体数字来反映离散程度的大小,称为衡量精度的指标或标准。衡量精度的指标有多种,我国目前采用的有以下几种。

一、中误差

在相同条件下,对某量(真值为 X)进行 n 次独立观测,观测值 $l_1, l_2, \cdots, l_n$,偶然误差(真误差)$\Delta_1, \Delta_2, \cdots, \Delta_n$,则中误差 m 的定义为:

$$m = \pm \sqrt{\frac{[\Delta\Delta]}{n}} \tag{6-2}$$

式中:$[\Delta\Delta] = \Delta_1^2 + \Delta_2^2 + \cdots + \Delta_n^2$。

设有甲、乙两组观测值,其真误差分别为:

甲组:$-4''$、$-2''$、0、$-4''$、$+3''$。

乙组:$+6''$、$-5''$、0、$+4''$、$-1''$。

则两组观测值的中误差分别为:

$$m_甲 = \sqrt{\frac{16+4+0+16+9}{5}} = \pm 3.0''$$

$$m_乙 = \sqrt{\frac{36+25+0+16+1}{5}} = \pm 3.5''$$

由此可以看出甲组观测值比乙组观测值的精度高,因为乙组观测值中有较大的误差,用平方能反映较大的影响,因此,测量工作中采用中误差作为衡量精度的标准。

二、相对误差

测量工作中,有时以中误差还不能完全表达观测结果的精度。例如,分别丈量了 100m 及 50m 两段距离,其中误差均为 ± 0.1m,并不能说明丈量距离的精度,因为量距时其中误差或相对误差,它是中误差的绝对值与观测值的比值,通常用分子为 1 的分数形式表示。即:

$$K = \frac{|m|}{D} = \frac{1}{D/|m|} \tag{6-3}$$

式中:K——相对误差;

m——观测误差(中误差);

D——观测值。

例如,上例中前者的相对误差为 $\frac{0.1}{100} = \frac{1}{1000}$,后者则为 $\frac{0.1}{50} = \frac{1}{500}$ 前者分母大比值小,丈量精度高。

三、极限误差

中误差是反映误差分布的密集或离散程度的,不是代表个别误差的大小,因此,要衡量某一观测值的质量,决定其取舍,还要引入极限误差的概念,极限误差又称允许误差,简称限差。偶然误差的第一特性说明,在一定条件下,误差的绝对值有一定的限值。根据误差理论可知,在等精度观测的一组误差中,误差落在区间$(-\sigma, +\sigma)$、$(-2\sigma, +2\sigma)$、$(-3\sigma, +3\sigma)$的概率分别为:

$$P(-\sigma < \Delta < +\sigma) \approx 68.3\%$$
$$P(-2\sigma < \Delta < +2\sigma) \approx 95.4\%$$
$$P(-3\sigma < \Delta < +3\sigma) \approx 99.7\%$$

可见绝对值大于三倍中误差的偶然误差出现的概率仅有0.3%,绝对值大于两倍中误差的偶然误差出现的概率约占4.6%,因此通常以三倍中误差作为偶然误差的极限值$\Delta_{限}$,称为极限误差,即:

$$\Delta_{限} = 2m \tag{6-4}$$

为防止观测值存在较大的误差,规范常以两倍或三倍中误差作为观测误差的容许值,称为容许误差,即:

$$\Delta_{容} = 2m \tag{6-5}$$
$$\Delta_{容} = 3m \tag{6-6}$$

在测量工作中,如某观测量的误差超过了容许误差,就可以认为它是错误的,其观测值应舍去重测。

需要注意的是,相对误差是个比值,而真误差、中误差、允许误差是带有测量单位的数值。

任务三 误差传播定律及其应用

以上介绍的是根据同精度观测值的真误差来评定观测值的精度。在实际工作中某些未知量需要由一些量的直接观测值根据一定的函数关系计算出来。在水准测量中,两点间的高差不是直接测得,而是由后视读数减前视读数而得,即:

$$h = a - b$$

这里高差h是直接观测值a、b的函数。显然,当a、b存在误差时,h也受其影响而产生误差,这种关系称为误差传播。阐述观测值中误差与观测值函数中误差之间的关系定律称为误差传播定律。

一、线性函数的误差传播定律

设有线性函数:

$$z = k_1 x_1 \pm k_2 x_2 \pm \cdots \pm k_n x_n \tag{6-7}$$

式中:x——独立的观测值;

k——常数。

则由中误差定义得函数z的中误差为:

$$m_z^2 = (k_1 m_1)^2 + (k_2 m_2)^2 + \cdots + (k_n m_n)^2 \tag{6-8}$$

倍数函数、和差函数是工程测量中常用的两种函数形式,也是线性函数的特例,由式(6-1)可得到两者的误差传播定律公式,分别为倍数函数和差函数。

1. 倍数函数

式(6-1)中，当 $k_2 = \cdots = k_n = 0$ 时，即成为倍数函数 $z = kx$，则有：

$$m_z = km_x \tag{6-9}$$

即倍数函数的中误差等于观测值函数中误差乘以常数。

2. 和差函数

式(6-1)中，当 $k_1 = k_2 = \cdots = k_n = 1$ 时，即成为和差函数 $z = x_1 \pm x_2 \pm \cdots \pm x_n$，则有：

$$m_z^2 = m_{x1}^2 + m_{x2}^2 + \cdots + m_{xn}^2 \tag{6-10}$$

即和差函数 z 的中误差平方等于 n 个观测值中误差平方之和。当未知量 x_i 的观测值为同精度观测时，即 $m_{x1} = m_{x2} = \cdots = m_{xn} = m$，则有：

$$m_z = m\sqrt{n} \tag{6-11}$$

即在同精度观测时，观测值代数和差函数的中误差与观测值个数 n 的平方根成正比。

二、一般函数

设非线性函数的一般式为：

$$z = f(x_1, x_2, x_3, \cdots, x_n) \tag{6-12}$$

式中：x_i——独立观测值，相应的中误差为 m_i。

求 z 的中误差 m_z。

求函数的全微分，并用"Δ"替代"d"，得：

$$\Delta_Z = \left(\frac{\partial f}{\partial x_1}\right)\Delta_{x_1} + \left(\frac{\partial f}{\partial x_2}\right)\Delta_{x_2} + \cdots + \left(\frac{\partial f}{\partial x_n}\right)\Delta_{x_n} \tag{6-13}$$

式中：$\frac{\partial f}{\partial x_i}$——函数对 x_i 的偏导数，当函数式与观测值确定后，它们均为常数，因此上式是线性函数，其中误差为：

$$m_Z^2 = \left(\frac{\partial f}{\partial x_1}\right)^2 m_1^2 + \left(\frac{\partial f}{\partial x_2}\right)^2 m_2^2 + \cdots + \left(\frac{\partial f}{\partial x_n}\right)^2 m_n^2 \tag{6-14}$$

$$m_Z = \pm\sqrt{\left(\frac{\partial f}{\partial x_1}\right)^2 m_1^2 + \left(\frac{\partial f}{\partial x_2}\right)^2 m_2^2 + \cdots + \left(\frac{\partial f}{\partial x_n}\right)^2 m_n^2} \tag{6-15}$$

上式是误差传播定律的一般公式。前述式(6-8)~式(6-10)都可以看作上式的特例。

三、利用误差传播定律计算中误差步骤

(1)确定间接观测量与直接观测量之间的函数关系。

(2)对各直接观测量求偏导，必要时将直接观测量值代入求偏导。

(3)将偏导值、直接观测量值代入误差传播定律中求偏导。

需要注意的是，在误差传播定律的推导过程中，要求观测值必须是独立观测值。

任务四 等精度直接观测平差

当观测次数 n 趋于无穷大时，算术平均值趋于未知量的真值。当 n 为有限值时，通常取

算术平均值作为最可靠值。

利用观测值的改正数 v_i 计算中误差：

$$m = \pm \sqrt{\frac{[vv]}{n-1}} \tag{6-16}$$

算术平均值中误差：

$$M = \frac{m}{\sqrt{n}} = \pm \sqrt{\frac{[vv]}{n(n-1)}} \tag{6-17}$$

【**例 6-1**】 对某直线丈量了 6 次，丈量结果见表 6-2，求算术平均值、算术平均值中误差及相对中误差。

某直线丈量结果　　　　　　　表 6-2

测　次	距离(m)	改正数 v(m)	vv	计　算
1	124.553	+10	100	$m = \pm 6.5m$
2	124.565	−2	4	$M = \pm 2.6m$
3	124.569	−6	36	
4	124.570	−7	49	
5	124.559	+4	16	
6	124.561	+2	4	
平均	124.563	[v] = +1	[vv] = 209	

习　题

1. 观测误差按性质可分为_____和_____两类。
2. 测量误差是由于_____、_____、_____三方面的原因产生的。
3. 直线丈量的精度是用_____来衡量的。
4. 相同的观测条件下，一测站高差的中误差为_____。
5. 衡量观测值精度的指标是_____、_____和_____。
6. 当测量误差大小与观测值大小有关时，衡量测量精度一般用_____来表示。
7. 测量误差大于_____时，被认为是错误，必须重测。
8. 某线段长度为 300m，相对误差为 1/1500，则该线段中误差为_____。
9. 何为观测条件？什么叫等精度观测和非等精度观测，试举例说明。
10. 什么叫多余观测，多余观测有什么实际意义？
11. 什么叫容许误差，为什么容许误差规定为中误差的 2 倍或 3 倍？
12. 偶然误差具有哪些特性？
13. 试根据表 6-3 数据，分别计算各组观测值的中误差。

观 测 数 据 表　　　　　　　　　表6-3

第 一 组			第 二 组		
次数	观测值 (° ′ ″)	真误差 Δ (″)	次数	观测值 (° ′ ″)	真误差 Δ (″)
1	180 00 00	0	1	180 00 01	−1
2	179 59 58	+2	2	179 59 58	+2
3	179 59 59	+1	3	180 00 06	−6
4	180 00 03	−3	4	180 00 00	0
5	179 59 56	+4	5	180 00 01	−1
6	179 59 57	+3	6	179 59 53	+7
7	180 00 02	−2	7	179 59 59	+1
8	180 00 01	−1	8	180 00 00	0
9	179 59 58	+2	9	180 00 03	−3
10	180 00 04	−4	10	180 00 01	−1

14. 已知 $D_1=100\text{m}, m_1=\pm 0.01\text{m}, D_2=200\text{m}, m_2=\pm 0.01\text{m}$，求：相对误差 K_1 和 K_2。

15. 水准测量从 A 进行到 B，得高差 $h_{AB}=+15.476\text{m}$，中误差 $m_{hAB}=\pm 0.012\text{m}$，从 B 到 C 得高差 $h_{BC}=+5.747\text{m}$，中误差 $m_{hBC}=\pm 0.009\text{m}$，求 A、C 两点间的高差及中误差。

项目七 小区域控制测量

知识目标

1. 掌握控制测量基本概念和作用。
2. 掌握导线测量的概念、布设形式、等级及技术要求。
3. 掌握交会法定点的常用方法和基本原理及作业要求等。
4. 掌握三、四等水准测量路线的布设原则、各等级精度指标和作业技术要求。

能力目标

1. 会正确使用水准仪进行高差测量。
2. 能用仪器进行交会法定点的实施步骤、公式推导,过程计算。
3. 用水准仪完成三、四等水准测量内业平差计算、成果检核和精度评定。

素质目标

1. 具备吃苦耐劳、爱岗敬业的精神,良好的职业道德与法律意识。
2. 具备良好的人际沟通、团队协作能力。
3. 具备良好的自我管理与约束能力。

重点 导线测量、交会法定点及三、四等水准测量。

难点 闭合导线和附和导线坐标计算及三、四等水准测量计算。

任务一 控制测量及其等级

在绪论中已经指出,测量工作必须遵循"从整体到局部,先控制后碎部"的原则,先建立控制网,然后根据控制网进行碎部测量和测设。控制网分为平面控制网和高程控制网两种。测定控制点平面位置的工作,称为平面控制测量。测定控制点高程的工作,称为高程控制测量。

在全国范围内建立的控制网,称为国家控制网。它是全国各种比例尺测图的基本控制,并为确定地球的形状和大小提供研究资料。国家控制网是用精密测量仪器和方法依照施测精度按一、二、三、四等四个等级建立的,它的低级点受高级点逐级控制。一等三角锁是国家平面控制网的骨干。二等三角网布设于一等三角锁环内,是国家平面控制网的全面基础。三、四等三角网为二等三角网的进一步加密。建立国家平面控制网,主要采用三角测量的方法。国家一等水准网是国家高程控制网的骨干。二等水准网布设于一等水准环内,是国家

高程控制网的全面基础。三、四等水准网为国家高程控制网的进一步加密,建立国家高程控制网,采用精密水准测量的方法。

在城市或厂矿等地区,一般应在上述国家控制点的基础上,根据测区的大小、城市规划和施工测量的要求,布设不同等级的城市平面控制网,以供地形测图和施工放样使用。直接供地形测图使用的控制点,称为图根控制点,简称图根点。测定图根点位置的工作,称为图根控制测量。图根点的密度(包括高级点),取决于测图比例尺和地物、地貌的复杂程度。至于布设哪一级控制作为首级控制,应根据城市或厂矿的规模。中小城市一般以四等网作为首级控制网。面积在15km以内的小城镇,可用小三角网或一级导线网作为首级控制。面积在0.5km以下的测区,图根控制网可作为首级控制。厂区可布设建筑方格网。

城市或厂矿地区的高程控制分为二、三、四等水准测量和图根水准测量等几个等级,它是城市大比例尺测图及工程测量的高程控制。同样,应根据城市或厂矿的规模确定城市首级水准网的等级,然后再根据等级水准点测定图根点的高程。水准点间的距离,一般地区为2~3km,城市建筑区为1~2km,工业区小于1km。一个测区至少设立三个水准点。

控制测量分为平面控制测量和高程控制测量。本教材结合公路工程控制测量进行介绍。

一、平面控制测量及等级

在较小区域(一般不超过15km^2)范围内建立的控制网,称为小区域控制网。用于工程的平面控制测量一般是建江小区域平面控制网,它可根据工程的需要采用不同等级的平面控制。《公路勘测规范》(JTG C10—2007)规定:公路工程平面控制测量,应采用 GNSS 测量、导线测量、三角测量或三边测量方法进行。其等级依次为二等、三等、四等、一级和二级,各等级的技术指标均有相应的规定。对于各级公路和桥梁、隧道平面控制测量的等级不得低于表 7-1 的规定。

公路工程平面控制测量等级选用　　　　表 7-1

高架桥、路线控制测量	多跨桥梁总长 L(m)	单跨桥梁 L_K(m)	隧道贯通长度 L_G(m)	测 量 等 级
—	$L \geqslant 3000$	$L_K \geqslant 500$	$L_G \geqslant 6000$	二等
—	$2000 \leqslant L < 3000$	$300 \leqslant L_K < 500$	$3000 \leqslant L_G < 6000$	三等
高架桥	$1000 \leqslant L < 2000$	$150 \leqslant L_K < 300$	$1000 \leqslant L_G < 3000$	四等
高速、一级公路	$L < 1000$	$L_K < 150$	$L_G < 1000$	一级
二、三、四级公路	—	—	—	二级

各级平面控制测量,其最弱点点位中误差均不得大于 ±5cm,最弱相邻点相对点位中误差均不得大于 ±3cm,最弱相邻点边长相对中误差不得大于表 7-2 的规定。

平面控制测量精度要求　　　　表 7-2

测 量 等 级	最弱相邻点边长相对中误差	测 量 等 级	最弱相邻点边长相对中误差
二等	1/100000	一级	1/20000
三等	1/70000	二级	1/10000
四等	1/35000		

二、高程控制测量及等级

测定控制点高程的工作,称为高程控制测量。根据采用方法的不同,高程控制测量分为水准测量和三角高程测量。

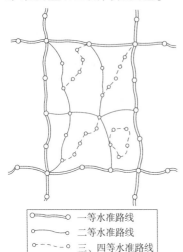

图 7-1 国家水准网的布设

国家高程控制网的建立主要采用精密水准测量的方法,其按精度分为一、二、三、四等。图 7-1 所示是国家水准网的布设示意图,一等水准网是国家最高级的高程控制骨干,它除用作扩展低等级高程控制的基础以外,还为科学研究提供依据;二等水准网为一等水准网的加密,是国家高程控制的全面基础;三、四等水准网为在二等网的基础上进一步加密,直接为各种测区提供必要的高程控制。

用于工程的小区域高程控制网,也应根据工程施工的需要和测区面积的大小,采用分级建立的方法。对于公路工程,《公路勘测规范》(JTG C10—2007)规定:公路高程系统宜采用"1985 年国家高程基准",同一个公路项目应采用同一个高程系统,并应与相邻项目高程系统相衔接。高程控制测量应采用水准测量或三角高程测量的方法进行。其等级依次为二等、三等、四等和五级,各等级的技术要求均有相应的规定。对于各级公路及构造物的高程控制测量等级,不得低于表 7-3 的规定。

公路工程高程控制测量等级选用 　　　　　表 7-3

高架桥、路线控制测量	多跨桥梁总长 L(m)	单跨桥梁 L_k(m)	隧道贯通长度 L_G(m)	测 量 等 级
—	$L \geqslant 3000$	$L_k \geqslant 500$	$L_G \geqslant 6000$	二等
—	$1000 \leqslant L < 3000$	$150 \leqslant L_k < 500$	$3000 \leqslant L_G < 6000$	三等
高架桥、高速、一级公路	$L < 1000$	$L_k < 150$	$L_G < 3000$	四等
二、三、四级公路	—	—	—	五等

各等级路线高程控制网最弱点高程中误差不得大于 ±25mm,用于跨越水域和深谷的大桥、特大桥的高程控制网最弱点高程中误差不得大于 ±10mm,每千米观测高差中误差和附合(环线)水准路线长度应小于表 7-4 的规定。当附合(环线)水准路线长度超过规定时,应采用双摆站的方法进行测量,但其长度不得大于表 7-4 中规定的两倍。每站高差较差应小于基辅(黑红)面高差较差的规定,一次双摆站为一单程,取其平均值计算的往返较差、附合(环线)闭合差应小于相应限差的 0.7 倍。

高程控制测量的技术要求 　　　　　表 7-4

测 量 等 级	每千米高差中数中误差(mm)		附合或环线水准路线长度(km)	
	偶然中误差 M_Δ	全中误差 M_W	路线、隧道	桥梁
二等	±1	±2	600	100
三等	±3	±6	60	10

续上表

测 量 等 级	每千米高差中数中误差(mm)		附合或环线水准路线长度(km)	
	偶然中误差 M_Δ	全中误差 M_W	路线、隧道	桥梁
四等	±5	±10	25	4
五等	±8	±16	10	1.6

本文主要讨论小地区($10km^2$以下)控制网建立的有关问题。下面将分别介绍用导线测量建立小地区平面控制网的方法,用三、四等水准测量和三角高程测量建立小地区高程控制网的方法。

任务二 导线测量

将测区内的相邻控制点用直线连接,而构成的连续折线称为导线。这些转折点(控制点)称为导线点。相邻导线点间的距离称为导线边长。相邻导线边之间的水平角称为转折角。导线测量是依次测定各导线边长和各转折角,根据起算数据,推导各边的坐标方位角,进而求得各导线点的平面坐标。

一、导线的布设形式

根据测区的不同情况和要求,导线的布设有以下三种形式。

1. 闭合导线

如图 7-2a)所示,由某一高级控制点出发最后又回到该点,组成一个闭合多边形。它适用于面积较宽阔的独立地区作测图控制。

2. 附合导线

如图 7-2b)所示,自某一高级控制点出发最后附合到另一高级控制点上的导线,它适用于带状地区的测图控制,此外也广泛用于公路、铁路、管道、河道等工程的勘测与施工控制点的建立。

3. 支导线

如图 7-2c)所示,从一控制点出发,即不闭合也不附合于另一控制点上的单一导线,这种导线没有已知点进行校核,错误不易发现,所以导线的点数不得超过 2~3 个。

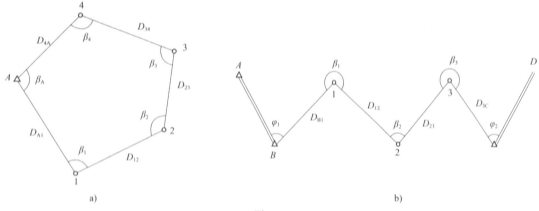

图 7-2

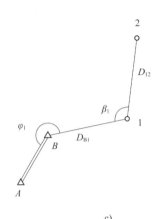

图 7-2 导线的形式
a)闭合导线；b)符合导线；c)支导线

二、导线测量的技术要求

公路工程的导线按精度由高到低的顺序划分为：三等、四等、一级和二级四个等级，其主要技术要求见表 7-5。

导线测量的主要技术要求　　　　　表 7-5

等 级	附(闭)合导线长度(km)	平均边长(km)	边　数	每边测距中误差(mm)	单位权中误差(″)	导线全长相对闭合差	方位角闭合差(″)
三等	≤18	2.0	≤9	≤±14	≤±1.8	≤1/52000	≤3.6
四等	≤12	1.0	≤12	≤±10	≤±2.5	≤1/35000	≤5.0
一级	≤6	0.5	≤12	≤±14	≤±5.0	≤1/17000	≤10
二级	≤3.6	0.3	≤12	≤±11	≤±8.0	≤1/11000	≤16

注：1. 以测角中误差为单位权中误差。
　　2. 导线网节点间的长度不得大于表中长度的 0.7 倍。

三、导线测量的外业工作

导线测量的外业工作主要包括：踏勘选点及建立标志测距、测角和联测。各项工作均应按相关规定完成。

1. 踏勘选点及建立标志

在选点时，首先调查收集测区已有的地形图和控制点的成果资料，一般是先在中比例尺（1:10000~1:100000）的地形图上进行控制网设计。根据测区内已有的国家控制点或测区附近其他工程部门建立的可资利用的控制点，确定与其联测的方案及控制网点位置。在布网方案初步确定后，可对控制网进行精度估算，必要时需对初定控制点作调整。然后，到野外去踏勘、核对、修改和落实点位。如需测定起始边，起始边位置应优先考虑；如果测区没有以前的地形资料，则需详细踏勘现场，根据已知控制点的分布、地形条件以及测图和施工需要等具体情况，合理地拟订导线点的位置。

控制点位置的选定应满足相应工程的基本要求。例如，对于公路工程应满足《公路勘测规范》（JTG C10—2007）之规定。公路导线控制网应满足以下平面控制网设计的一般要求和导线测量布设要求。

1)平面控制网设计的一般要求

(1)路线平面控制网的设计,应首先在地形图上进行控制网点位的选择,在其基础上进行现场踏勘并确定点位。

(2)路线平面控制网,宜首先布设首级控制网,然后再加密路线平面控制网。

(3)构造物平面控制网可与路线平面控制网同时布设,也可在路线平面控制网的基础上进行。当分步布设时,布设路线平面控制网的同时,应考虑沿线桥梁、隧道等构造物测设的需要,在大型构造物的两侧至少应分别布设 1 对相互通视的首级平面控制点。

(4)平面控制点相邻点间平均边长,应参照表 7-5 中所列平均边长执行。四等及四等以上平面控制网中相邻点之间距离不得小于 500m,一、二级平面控制网中相邻点之间距离在平原、微丘区不得小于 200m,重丘、山岭区不得小于 100m,最大距离不应大于平均边长的 2 倍。

(5)路线平面控制点宜沿路线前进方向布设,路线平面控制点到路线中心线的距离应大于 50m,且小于 300m,每一点至少应有一相邻点通视。特大型构造物每一端应埋设 2 个以上平面控制点。

(6)点位的位置应便于加密、扩展,易于保存、寻找,同时便于测角、量距及地形图测量和中桩放样。

(7)构造物控制网宜布设成四边形,应以构造物一端路线控制网中的一个点为起算点,以该点到另一路线控制点的方向为起始方向,并利用构造物另一端路线控制网中的一个点为检核点。

2)导线测量的布设要求

(1)各级导线应尽量布设成直伸形状。

(2)点位的布设应满足下列测距边的要求:

①测距边应选在地面覆盖物相同的地段,不宜选在烟囱、散热塔、散热池等发热体的上空。测线上不应有树枝、电线等障碍物,测线应离开地面或障碍物 1.3m 以上。测线应避开高压线等强电磁场的干扰,并宜避开视线后方反射物体。

②导线点选定后,应在相应位置建立标志,并按一定顺序编号。标志的制作、尺寸规格、书写及埋设均应符合相应等级的要求。为便于今后查找,还应量出导线点至附近明显地物的距离,现场绘制草图,注明尺寸,称为"点之记"。

2.测距

测距是指测定导线中各边长的工作。《公路勘测规范》(JTG C10—2007)规定:一级及以上导线的边长,应采用光电测距仪(按表 7-6 选用)施测。二级导线的边长,可采用普通钢尺进行测量。光电测距的主要技术要求应符合表 7-7 的要求。普通钢尺丈量导线边长的主要技术要求应符合表 7-8 的要求。

光电测距仪的选用　　　　　表 7-6

测距仪精度等级	每千米测距中误差 m_D(mm)	适用的平面控制测量等级
Ⅰ级	$m_D \leqslant \pm 5$	所有等级
Ⅱ级	$\pm 5 < m_D \leqslant \pm 10$	三、四等,一、二级
Ⅲ级	$\pm 10 < m_D \leqslant \pm 20$	一、二级

光电测距的主要技术要求 表 7-7

导线等级	观测次数		每边测回数		一测回读数向较差（mm）	单程各测回较差（mm）	往返较差
	≥1	返	往	返	≤5	≤7	
三等	≥1	≥1	≥3	≥3	≤7	≤7	
四等	≥1	≥1	≥2	≥2	≤7	≤10	$\leq\sqrt{2}(a+b\cdot D)$
一级	≥1	—	≥2	—	≤7	≤10	
二级	≥1	—	≥1	—	≤12	≤17	

注：1. 测回是指照准目标一次，读数 4 次的过程。
　　2. 表中 a 为固定误差，b 为比例误差系数，D 为水平距离（km）。

普通钢尺文量导线边长的主要技术要求 表 7-8

定向偏差（mm）	每尺段往返高差之差（cm）	最小读数（mm）	三组读数之差（mm）	同段尺长差（mm）	外业手算计算取值（mm）		
					尺长	各项改正	高差
≤5	≤1	1	≤3	≤4	1	1	1

注：每尺段指 2 根同向丈量或单尺往返丈量。

3. 测角

导线的转折角有左角和右角之分，以导线为界，按编号顺序方向前进，在前进方向左侧的角称为左角；在前进方向右侧的角称为右角。在闭合导线中，一般均测其内角，闭合导线若按逆时针方向编号，其内角均为左角；反之均为右角。在附合导线中，可测其左角亦可测其右角（在公路测量中一般测右角），但全线要统一。水平角观测的主要技术要求应符合表 7-9 的规定。

水平角观测的主要技术要求 表 7-9

测量等级	经纬仪型号	光学测微器两次重合读数差(″)	半测回归零差(″)	同一测回中 2C 较差(″)	同一方向各测回间较差(″)	测回数
三等	DJ_1	≤1	≤6	≤9	≤6	≥6
	DJ_2	≤3	≤8	≤13	≤9	≥10
四等	DJ_2	≤1	≤6	≤9	≤6	≥4
	DJ_2	≤3	≤8	≤13	≤9	≥6
一级	DJ_2	—	≤12	≤18	≤12	≥2
	DJ_6	—	≤24	—	≤24	≥4
二级	DJ_2	—	≤12	≤18	≤12	≥1
	DJ_6	—	≤24	—	≤24	≥3

注：当观测方向的垂直角超过 ±3° 时，该方向的 2C 较差可按同一观测时间段内相邻测回进行比较。

4. 联测

导线联测是指新布设的导线与周围已有的高级控制点的联系测量，以取得新布设导线的起算数据，即起始点的坐标和起始边的方位角。如果沿路线方向有已知的高级控制点，导线可直接与其连接，共同构成闭合导线或附合导线；如果距离已知的高级控制点较远可以采用间接连接。如图 7-3 所示,导线联测为测定连接角(水平角)和连接边。连接角和连接边的测量与上述的导线的测距、测角方法相同。

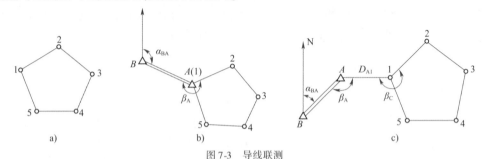

图 7-3 导线联测

5. 测量数据的检查、绘制导线草图与计算表格

导线测量内业计算前,应仔细全面地检查导线测量的外业记录,检查数据是否齐全,有无记错、算错,是否符合精度要求,起算数据是否准确。然后绘出导线草图,并把各项数据标注在图中的相应位置,如图 7-4 所示。

导线计算的方法有手工表格计算、计算机程序计算和 Excel 电子表格计算等,本工作任务主要介绍手工表格计算的方法。

6. 导线测量内业计算与精度评定

导线测量内业计算的目的,就是根据已知的起算数据和外业的观测成果资料,通过对误差进行必要的调整,推算各导线边的方位角,计算各相邻导线边的坐标增量,最后计算出各导线点的平面坐标。

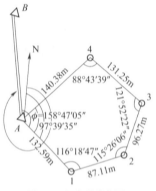

图 7-4 闭合导线草图

1) 导线坐标计算公式

(1) 坐标方位角的推算。

如图 7-5 所示,α_{12} 为起始方位角,β_2 为右角,推算 2-3 边的坐标方位角为:

$$\alpha_{23} = \alpha_{12} - \beta_2 \pm 180°$$

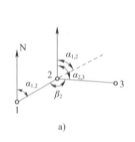 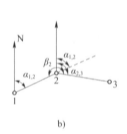 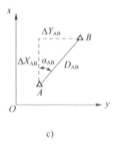

图 7-5 方位角推算

a) β 为右角;b) β 为左角;c) 坐标方位角

因此,用右角推算方位角的一般公式为:

$$\alpha_{前} = \alpha_{后} - \beta_{右} + 180°$$

当 β_2 为左角时,推算方位角的一般公式为:

$$\alpha_{前} = \alpha_{后} + \beta_{右} + 180°$$

当推算出的方位角如大于 360°,则应减去 360°,若为负值时应加上 360°。

(2)坐标正算。

根据已知点坐标、已知边长和坐标方位角计算未知点坐标。

如图7-6所示,设 A 为已知点、B 为未知点,当 A 点的坐标(x_A, y_A)、边长 D_{AB} 均为已知时,则可求得 B 点的坐标(x_B, y_B)。这种计算称为坐标正算。

$$\left.\begin{array}{l} x_B = x_A + \Delta x_{AB} \\ y_B = y_A + \Delta y_{AB} \end{array}\right\}$$

其中:
$$\left.\begin{array}{l} \Delta x_{AB} = D_{AB}\cos\alpha_{AB} \\ \Delta y_{AB} = D_{AB}\sin\alpha_{AB} \end{array}\right\}$$

则:
$$\left.\begin{array}{l} x_B = x_A + D_{AB}\cos\alpha_{AB} \\ y_B = y_A + D_{AB}\sin\alpha_{AB} \end{array}\right\}$$

(3)坐标反算。

如图7-6所示,已知两点的坐标 $A(x_A, y_A)$,$B(x_B, y_B)$ 求两点之间的距离 D_{AB} 及该边的方位角 α_{AB}。

$$\alpha_{AB} = \arctan\frac{\Delta y_{AB}}{\Delta x_{AB}} = \arctan\frac{y_B - y_A}{x_B - x_A}$$

$$D_{AB} = \sqrt{(x_B - x_A)^2 + (y_B - y_A)^2}$$

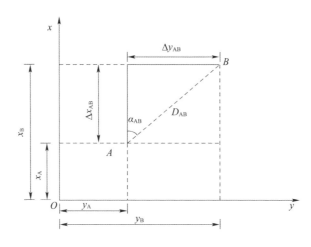

图7-6 坐标图

注:计算出的 α_{AB},应根据 Δy、Δx 的正负,判断其所在的象限。α_{AB} 表示方位角,R_{AB} 表示象限角。那么直线AB的方位角 α_{AB} 与象限角 R_{AB} 关系见表7-10。

方位角与象限角关系 表7-10

象 限	坐标增量范围	方位角 α_{AB} 与象限角 R_{AB} 关系
Ⅰ	$y_B - y_A > 0, x_B - x_A > 0$	$\alpha_{AB} = R_{AB}$
Ⅱ	$y_B - y_A > 0, x_B - x_A > 0$	$\alpha_{AB} = 180° - R_{AB}$
Ⅲ	$y_B - y_A < 0, x_B - x_A < 0$	$\alpha_{AB} = R_{AB} + 180°$
Ⅳ	$y_B - y_A < 0, x_B - x_A > 0$	$\alpha_{AB} = 360° - R_{AB}$

2)闭合导线坐标近似计算

现以图 7-4 所示的导线为例,介绍闭合导线内业计算的步骤,具体计算过程及结果见表 7-11。图中 1、2、3、4 点为待定导线点,A、B 为已知控制点。其中 A 点坐标为(500.00,500.00),AB 的方位角 $\alpha_{AB} = 342°18'16''$。计算前,首先将导线草图中的点号、角度的观测值、边长的量测值以及起始边的方位角(或测量的连接角)、起始点的坐标等填入"闭合导线坐标计算表"中,如表 7-11 中的第 1 栏、第 2 栏、第 6 栏、第 5 栏的第一项、第 10、14 栏的第一项所示。其中,第 5 栏的第一项方位角:

$$\alpha_{A1} = \alpha_{AB} + \phi = 342°18'16'' + 158°47'05'' = 141°05'21''$$

闭合导线坐标计算表 表 7-11

点号	观测角值 B (°′″)	角度改正数 (°′″)	改正后角值 (°′″)	坐标方位角 (°′″)	边长 D (m)	纵坐标增量 计算值 (m)	纵坐标增量 改正数 (cm)	纵坐标增量 改正后的值 (m)	纵坐标 x(m)	横坐标增量 计算值 (m)	横坐标增量 改正数 (cm)	横坐标增量 改正后的值 (m)	横坐标 y(m)
1	2	3	4	5	6	7	8	9	10	11	12	13	14
A	97 39 35	-5	97 39 30	141 05 21	132.59	-103.17	-2	-103.19	500.00	+83.28	+3	+83.31	500.00
1	116 18 47	-6	116 18 41	77 24 02	87.11	+19.00	-1	+18.99	500.00	+85.01	+2	+85.03	501.00
2	115 26 06	-6	115 26 00	12 50 02	96.27	+93.86	-1	+93.85	501.00	+21.38	+2	+21.40	668.34
3	121 52 22	-6	121 52 16	314 42 18	131.25	+93.85	-2	+92.31	668.34	-93.28	+2	-93.26	689.74
4	88 43 39	-6	88 43 33	223 25 51	140.38	-101.94	-2	-101.96	689.74	-96.51	+3	-96.48	500.00
A				141 05 21					500.00				500.00
1													
E	540 00 29	-29	540 00 00		587.60	-8	$f_x = +0.08$	0		$f_y = -0.12$	+0.12	0	
辅助计算	$f_\beta = +29''$ $f = \sqrt{f_x^2+f_y^2} = 0.144 m\pi$ $f_{\beta容} = \pm 40''\sqrt{n} = \pm 40''\sqrt{5} \approx \pm 89'' K = \dfrac{f}{\sum D} = \dfrac{0.114}{587.60} \approx \dfrac{1}{4080}$													

(1)角度闭合差计算和调整。

闭合导线在几何上是一个 n 边形,其内角和的理论值为:

$$\sum \beta_{理} = (n-2) \times 180°$$

在实际角度观测过程中,由于不可避免地存在着测量误差的原因,使得实测的多边形的内角和不等于上述的理论值,二者的差值称为闭合导线的角度闭合差,习惯以 f_β 表示。即有:

$$f_\beta = \sum \beta_{测} - \sum \beta_{理} = (\beta_1 + \beta_2 + \cdots + \beta_n) - (n-2) \times 180°$$
$$f_\beta = \sum \beta_{测} - \sum \beta_{密} = (\beta_1 + \beta)$$

①计算闭合差:

各级导线角度闭合差允许值 $f_{\beta容}$ 见表 7-5。图根导线按下式计算:

$$f_{\beta容} = \pm 40'' \sqrt{n}$$

②计算限差:

若$f_\beta > f_{\beta容}$,说明误差超限,应进行检查分析,查明超限原因,必要时按规范规定要求进行重测直到满足精度要求;若$f_\beta \leq f_{\beta容}$可以对角度闭合差进行调整,由于各角观测均在相同的观测条件下进行,故可认为各角产生的误差相等。调整的原则为:将f_β以相反的符号按照测站数平均分配到各观测角上,即按公式7-1 计算,结果填到表辅助计算栏。

$$V_\beta = -\frac{f_\beta}{n} \tag{7-1}$$

③计算改正数:

计算改正数时按照角度取位的精度要求,一般可以凑整到1″或6″;若不能平均分配,一般情况把余数分给短边的夹角或邻角上,最后计算结果应该满足:

$$\sum V_\beta = -f_\beta$$

④计算改正后新的角值:

$$\beta_i' = \beta_i + V_\beta \tag{7-2}$$

根据改正数计算改正后新的角值,结果填到表7-11 第(4)栏。

(2)导线边坐标方位角推算。

坐标方位角推算:

$$\alpha_前 = \alpha_后 + \beta_左 - 180°$$

当推算出的方位角大于360°,则应减去360°,若为负值时应加上360°。最后必须推算到已知方位角进行计算检核结果填到表7-11 第(5)栏。

(3)坐标增量计算。

两个相邻控制点坐标x,y的差值分别称为纵、横坐标增量,一般用Δx和Δy表示。相邻控制点坐标增量根据推算的方位角和测量的距离按下式:

$$\Delta x_{AB} = D_{AB} \cdot \cos\alpha_{AB}$$
$$\Delta y_{AB} = D_{AB} \cdot \sin\alpha_{AB}$$

分别计算,计算结果取位与已知数据相同结果填到表7-11 第(7)、(11)栏。

(4)坐标增量闭合差计算和调整。

①计算坐标增量闭合差。

因为闭合导线是一个多边形,其坐标增量之和的理论值应为:

$$\sum \Delta x_理 = 0 \ ; \ \sum \Delta y_理 = 0$$

虽然角度闭合差调整后已经闭合,但还存在残余误差,而边长测量也存在误差,从而导致坐标增量带有误差,坐标增量观测值之和一般情况下不等于零,我们把纵、横坐标增量观测值的和与理论值的和的差值分别称为纵、横坐标增量闭合差(f_x, f_y),即:

$$f_x = \sum \Delta x_测 - \sum \Delta x_理 = \sum \Delta x_测$$
$$f_y = \sum \Delta y_测 - \sum \Delta y_理 = \sum \Delta y_测 \tag{7-3}$$

由于纵横坐标增量闭合差的存在,闭合导线的图形实际上就不会闭合,而存在一个缺口,如图7-7 所示,这个缺口之间的长度称为导线全长闭合差,通常用f_D表示。即:

$$f_D = \sqrt{f_x^2 + f_y^2} \tag{7-4}$$

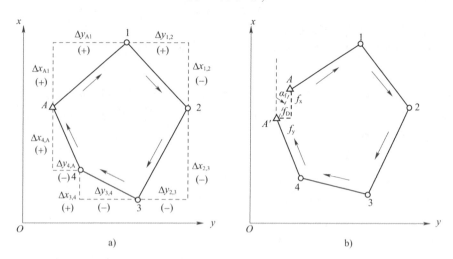

图 7-7 闭合导线坐标增量及闭合差

导线全长闭合差 f_D 是随着导线长度的增大而增大,所以导线测量的精度是用导线全长相对闭合差 K 来衡量。即:

$$K = \frac{f_D}{\sum D} = \frac{1}{N} \tag{7-5}$$

K 通常用分子为 1 的分数表示。计算结果填到表辅助计算栏。

②分配坐标增量闭合差。

不同等级的导线全长相对闭合差 $K_{容}$ 从表 7-11 查阅。

若 $K > K_{容}$,说明导线全长相对闭合差超限,应及时检查分析,看是否计算错误或计算用错数据,否则查明错误出现的原因进行重测,直至结果满足要求;若 $K > K_{容} = 1/2000$(图根导线),则外业测量成果合格,可以将 f_x、f_y 以相反符号,按与边长成正比分配到各坐标增量上去。并计算改正后的坐标增量值。

$$V_{\Delta xi} = -\frac{f_x}{\sum D} \cdot D_i \tag{7-6}$$

$$V_{\Delta yi} = -\frac{f_y}{\sum D} \cdot D_i$$

$$\hat{\Delta x_i} = \Delta x + V_{\Delta xi} \tag{7-7}$$

$$\hat{\Delta y_i} = \Delta y + V_{\Delta yi}$$

改正数应按坐标增量取位的精度要求凑整至厘米或毫米,并且必须使改正数的总和与坐标增量闭合差大小相等,符号相反,即 $\sum V_{\Delta x} = -f_x$;$\sum V_{\Delta y} = -f_y$。计算结果填到表 7-11 第(8)、(12)、(9)、(13)栏。

(5)坐标计算。

按式(7-8),根据起始点 7 的已知坐标和改正后的坐标增量,依次计算各导线点的坐标,并推算到已知点坐标进行计算检核。计算结果填到表 7-11 第(10)、(14)栏。

$$X_j = x_i + \Delta x_{ij}$$
$$Y_j = y_i + \Delta y_{ij}$$
(7-8)

其中 i,j 分别表示任意导线边的两个端点。

表7-11为闭合导线坐标计算整个过程的一个算例,仅供参考。

附合导线的近似平差计算

附合导线的内业计算步骤和前述的闭合导线的计算步骤基本相同,但附合导线两端有已知点相连接,所以二者在角度闭合差和坐标增量闭合差的计算方法上不一样。下面主要介绍这两点不同的计算方法。

3)角度闭合差的计算

附合导线两端各有一条已知坐标方位角的边,如图7-8中的 BA 边和 CD 边,这里称之为始边和终边,由于外业工作已测得导线各个转折角的大小,所以,可以根据起始边的坐标方位角及测得的导线各转折角,推算出终边的坐标方位角。这样导线终边的坐标方位角有一个原已知值 $\alpha_{终}$,还有一个由始边坐标方位角和测得的各转折角推算值 $\alpha'_{终}$。由于测角存在误差的原因,导致二值的不相等,二值之差即为附合导线的角度闭合差 f_β 即:

当 β 为左角时
$$\alpha'_{12} = \alpha_{AB} + \beta_1 - 180°$$

同理,当 β 为右角时
$$\left.\begin{array}{l}\alpha'_{CD} = \alpha_{AB} + \sum\beta_{左} - n \times 180° \\ \alpha'_{CD} = \alpha_{AB} - \sum\beta_{右} + n \times 180°\end{array}\right\}$$
(7-9)

则角度闭合差: $f_\beta = \alpha'_{CD} - \alpha_{CD} = (\alpha_{AB} - \alpha_{CD}) + \sum\beta_{左} - n \times 180°$

或: $f_\beta = \alpha'_{CD} - \alpha_{CD} = (\alpha_{AB} - \alpha_{CD}) - \sum\beta_{右} + n \times 180°$

写成一般公式
$$\left.\begin{array}{l}f_\beta = (\alpha_{始} - \alpha_{终}) + \sum\beta_{左} - n \times 180° \\ f_\beta = (\alpha_{始} - \alpha_{终}) - \sum\beta_{右} + n \times 180°\end{array}\right\}$$
(7-10)

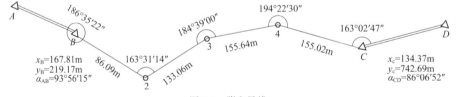

图7-8 附和导线

必须特别注意,在进行角度闭合否差调整时,若观测角 β 为左角时,和闭合导线一样以与闭合差相反的符号进行分配;若观测角 β 为右角时,则应以与闭合相同的符号进行分配。

4)坐标增量闭合差的计算

如图7-8中的 B 点和 C 点,这里称之为始点和终点。附合导线的起点和终点均是已知的高级控制点,其坐标误差可以忽略不计。附合导线的纵、横坐标增量之代数和,在理论上应等于终点与始点的纵、横坐标差值,即:

$$\sum\Delta x_{理} = x_{终} - x_{始}$$
$$\sum\Delta y_{理} = y_{终} - y_{始}$$
(7-11)

但是由于量边和测角有误差,因此根据观测值推算出来的纵、横坐标增量之代数和, $\sum\Delta x_{测}$ 和 $\sum\Delta y_{测}$ 与上述的理论值通常是不相等的,二者之差即为纵、横坐标增量闭合差:

$$f_x = \sum\Delta x_{测}$$

$$f_y = \sum \Delta y_{测} \tag{7-12}$$

上式中的 $\sum \Delta x_{测}$ 和 $\sum \Delta y_{测}$ 的计算方法参见式(7-12)。

$$f_x = \sum \Delta x_{测} - \sum \Delta x_{理} = \sum \Delta x_{测} - (x_{终} - x_{始})$$
$$f_y = \sum \Delta y_{测} - \sum \Delta y_{理} = \sum \Delta y_{测} - (y_{终} - y_{始}) \tag{7-13}$$

表 7-12 为附合导线坐标计算整个过程的一个算例,仅供参考。

附合导线坐标计算表   表 7-12

点号	观测角值 B (° ′ ″)	角度改正数 (° ′ ″)	改正后角值 (° ′ ″)	坐标方位角 (° ′ ″)	边长 D (m)	纵坐标增量 计算值 (m)	纵坐标增量 改正数 (cm)	纵坐标增量 改正后的值 (m)	纵坐标 x(m)	横坐标增量 计算值 (m)	横坐标增量 改正数 (cm)	横坐标增量 改正后的值 (m)	横坐标 y(m)
1	2	3	4	5	6	7	8	9	10	11	12	13	14
A				93 56 15					167.81				219.17
B	186 35 22	−3	186 35 19	100 31 34	86.09	−15.73	0	−15.73	152.08	+84.64	−1	+84.63	303.80
2	163 31 14	−4	163 31 10	84 02 44	133.06	+13.80	0	+13.80	165.88	+132.34	−1	+132.33	436.13
3	184 39 00	−3	184 38 57	88 41 41	455.64	+3.55	−1	+3.54	169.42	+155.60	−2	+155.58	591.71
4	194 22 30	−3	194 22 27	03 04 08	155.02	−35.05	0	−35.05	134.37	+151.00	−2	+150.98	742.69
C	163 02 47	−3	163 02 44	86 06 52									
D													
Σ	892 10 53	−16	892 10 37		529.18	−33.43	−1	−33.44		+523.58	−6	+523.52	
辅助计算	$\alpha'_{CD} = \alpha_{AB} + \sum\beta_{测} + n \times 180° = 86°07'08''$ $f_x = \sum\Delta x' - (x_C - x_B) = +0.01(m)$ $f_y = \sum\Delta y' - (y_C - y_B) = +0.06(m)$ $f = \sqrt{f_x^2 + f_y^2} = 0.06$ $f_\beta = \alpha'_{CD} - \alpha_{CD} = 86°07'08'' - 86°06'52'' = +29''$ $f_{\beta容} = \pm 40''\sqrt{n} = \pm 40''\sqrt{5} \approx \pm 89''$ $K = \dfrac{f}{\sum D} = \dfrac{0.06}{529.81} \approx \dfrac{1}{8800}$												

任务三　交会法定点

在进行平面控制测量时,如果控制点的密度不能满足测图或工程施工的要求时,则需要进行控制点加密,即补点。控制点的加密经常采用交会法进行定点。

一、前方交会

如图 7-9 所示,设已知 A 点的坐标为 x_A, y_A,B 点的坐标为 x_B, y_B。分别在 A、B 两点处设站,测出图示的水平角 α 和 β,则未知点 P 的坐标可按以下的方法进行计算。

(1)按坐标计算方法推算 P 点的坐标。

用坐标反算公式计算 AB 边的坐标方位角 α_{AB} 和边长 D_{AB},即:

$$\alpha_{AB} = \arctan\frac{y_B - y_A}{x_B - x_A}$$

$$D_{AB} = \sqrt{(x_B - x_A)^2 + (y_B - y_A)^2} \tag{7-14}$$

注:计算出的 α_{AB},应根据 Δx、Δy 的正负,判断其所在的象限。

计算 AP、BP 边的方位角 α_{AP}、α_{BP} 及边长 D_{AP}、D_{BP}。

$$\alpha_{AP} = \alpha_{AB} - \alpha$$

$$\alpha_{BP} = \alpha_{AB} \pm 180° + \beta$$

$$D_{AP} = \frac{D_{AB}}{\sin\delta} \cdot \sin\beta \tag{7-15}$$

$$D_{BP} = \frac{D_{AB}}{\sin\gamma} \cdot \sin\alpha$$

式中:$\gamma = 180° - \alpha - \beta$,且有 $\alpha_{AB} - \alpha_{BP} = \gamma$(可进行计算检核)。

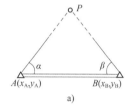
a)

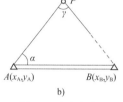
b)

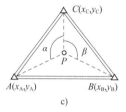
c)

图 7-9 交会定点
a)前方交会;b)侧方交会;c)后方交会

(2)按坐标正算公式计算 P 点的坐标:

$$\begin{cases} x_P = x_A + D_{AP} \cdot \cos\alpha_{AP} \\ y_P = y_A + D_{AP} \cdot \sin\alpha_{AP} \end{cases} \tag{7-16}$$

或

$$\begin{cases} x_P = x_B + D_{BP} \cdot \cos\alpha_{BP} \\ y_P = y_B + D_{BP} \cdot \sin\alpha_{BP} \end{cases} \tag{7-17}$$

由式(7-14)和式(7-15)计算的 P 点坐标应该相等,可用作校核。

(3)按余切公式(变形的戎洛公式)计算 P 点的坐标。

推导过程略,P 点的坐标计算公式为:

$$x_P = \frac{x_A \cdot \cot\beta + x_B \cdot \cot\alpha + (y_B - y_A)}{\cot\alpha + \cot\beta}$$

$$y_P = \frac{y_A \cdot \cot\beta + y_B \cdot \cot\alpha + (x_B - x_A)}{\cot\alpha + \cot\beta} \tag{7-18}$$

在利用式(7-16)计算时,三角形的点号 A、B、P 按逆时针顺序列,其中 A、B 为已知点,P 为未知点。

为了校核和提高 P 点精度,前方交会通常是在三个已知点上进行观测,如图7-10所示,测定 α_1、β_1 和 α_2、β_2,然后由两个交会三角形各自按式(7-16)计算 P 点坐标。因测角误差的影响,求得的两组 P 点坐标不会完全相同,其点位较差为:

$$\Delta = \sqrt{\delta_x^2 + \delta_y^2}$$

式中:δ_x、δ_y——分别为两组 x_P、y_P 坐标值之差。

当 $\Delta D \leq 2 \times 0.1 M (\text{mm})$($M$ 为测图比例尺分母)时,可取两组坐标的平均值作为最后结果。

在实际应用中具体采用哪一种交会法进行观测,需要根据据实地的实际情况而定。为了提高交会的精度,在选用交会法的同时,还要注意交会图形的好坏。一般情况下,当交会角(要加密的控制点与已知点所成的水平角,例如图7-9a)中的∠APB接近于90°时,其交会精度最高。

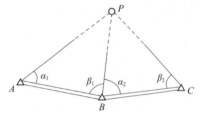

图7-10 三点前方交会

二、后方交会

如图7-11所示,后方交会是在待定点P设站,向三个已知点A、B、C进行观测,然后根据测定的水平角α、β、γ和已知点的坐标,计算未知点P的坐标。计算后方交会点坐标的方法很多,通常采用仿权计算法。其计算公式的形式和带权平均值的计算公式相似,因此得名仿权公式。未知点P按下式计算:

$$\begin{cases} x_P = \dfrac{p_A x_A + p_B x_B + p_c x_c}{p_A + p_B + p_c} \\ y_P = \dfrac{p_A y_A + p_B y_B + p_c y_c}{p_A + p_B + p_c} \end{cases} \quad (7\text{-}19)$$

$$\begin{cases} P_A = \dfrac{1}{\cot \angle A - \cot \alpha} \\ P_B = \dfrac{1}{\cot \angle B - \cot \beta} \\ P_C = \dfrac{1}{\cot \angle C - \cot \delta} \end{cases} \quad (7\text{-}20)$$

式中:∠A、∠B、∠C——已知点A、B、C构成的三角形的内角,其值可根据三条已知边的方位角计算。

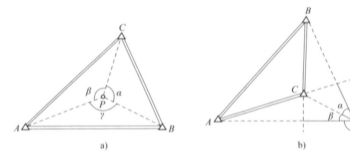

图7-11 后方交会

未知点P上的三个角α、β、γ必须分别与A、B、C按图7-11所示的关系相对应,三个角α、β、γ可以按方向观测法测量,其总和值应该等于360。

如果P点选在三角形任意两条边延长线的夹角之间,如图7-11b)所示,应用式(7-17)计算坐标时,α、β、γ均以负值代入式(7-18)。

仿权公式计算过程中的重复运算公式较多,因而这种方法用计算机程序进行计算比较方便。

另外,在选择P点位置时,应特别注意P点不能位于或接近三个已知点A、B、C组成的外接圆上,否则 P 点坐标为不定解或计算精度低。测量上把这个外接圆称为"危险圆",一般 P 点离开危险圆的距离大于 $\frac{1}{5}R$(R 为外接圆半径)。

三、侧方交会

侧方交会的计算原理、公式和前方交会基本相同,此处不再赘述。

四、距离交会

如图 7-12 所示,在求算要加密控制点 F 的坐标时,也可以采用测量出图示边长 a 和 b 然后利用几何关系,求算出 F 点的平面坐标的方法,这种方法称为测边(距离)交会法。与测角交会一样,距离交会也能获得较高的精度。由于全站仪和光电测距仪在公路工程中的普遍采用,这种方法在测图或工程中已被广泛地应用。

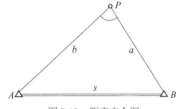

图 7-12 距离交会图

在图 7-12 中 A、B 为已知点,测得两条边长分别为 a、b,则 P 点的坐标可按下述方法计算。

首先利用坐标反算公式计算 AB 边的坐标方位角 b 和边长 s:

$$\alpha_{AB} = \arctan\frac{\Delta y_{AB}}{\Delta x_{AB}} = \arctan\frac{y_B - y_A}{x_B - x_A}$$

$$S = \sqrt{(x_B - x_A)^2 + (y_B - y_A)^2} \tag{7-21}$$

根据余弦定律可求出 ∠A:

$$\angle A = \cos^{-1}\left(\frac{s^2 + b^2 - a^2}{2bs}\right)$$

而:
$$\alpha_{AP} = \alpha_{AB} - \angle A$$

于是有:

$$\left.\begin{array}{l} x_p = x_A + b\cos\alpha_{AP} \\ y_p = y_A + b\sin\alpha_{AP} \end{array}\right\} \tag{7-22}$$

以上是两边交会法。工程中为了检核和提高 P 点的坐标精度,通常采用三边交会法,如图 7-13 所示三边交会观测三条边,分两组计算 P 点坐标进行核对,最后取其平均值。

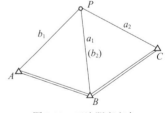

图 7-13 三边距离交会

任务四 全站仪导线测量

全站仪导线测量就是利用全站仪坐标测量的基本功能进行导线测量,它的任务就是在老师的指导下,进一步熟悉全站仪的基本结构、各按键的作用和全站仪的基本操作,掌握全站仪坐标测量的基本操作步骤,完成一条导线的外业测量的全部工作,通过内业计算,求出导线点三维坐标(X,Y,H),并评定测量成果的精度,以达到培养学生利用全站仪基本的测量功能完成公路工程实际的控制测量工作的能力。

常规测量确定点空间位置是把平面坐标和高程分开进行的,由于全站仪能同时测量水平角、竖直角和距离,加上全站仪内置程序模块可以直接进行计算,这样全站仪在测站就能同时通过测量计算出点的三维坐标(X,Y,H)或(N,E,Z)。如图7-14所示,其原理就是坐标的正、反算和三角高程测量。

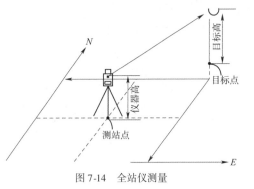

图7-14 全站仪测量

一、平面坐标测量

根据测站点坐标和后视已知点坐标反算方位角,由测站点已知坐标、全站仪测量的水平角和水平距离,通过下式,计算待测点坐标。

$$x_B = x_A + D_{AB} \cdot \cos\alpha_{AB}$$
$$y_B = y_A + D_{AB} \cdot \sin\alpha_{AB}$$

现将科力达KTS-440全站仪坐标测量过程展示如下。

在预先输入仪器高和目标高后,根据测站点的坐标,便可直接测定目标点的三维坐标,后视方位角可通过输入测站点和后视点坐标后,照准后视点进行设置。

(1)坐标测量前需做好如下准备工作:

①输入测站坐标。

②设置好方位角。

(2)关于坐标格式的设置。

1. 测站数据输入

(1)开始坐标测量之前,需要先输入测站坐标、仪器高和目标高。

(2)仪器高和目标高可使用卷尺量取。

(3)坐标数据可预先输入仪器。

(4)坐标测量也可以在测量模式第3页菜单下,按菜单进入菜单模式后选"1、坐标测量"来进行。测站数据输入步骤见表7-13。

测站数据输入步骤 表7-13

操 作 过 程	操 作 键	显 示
(1)在测量模式的第2页菜单下,按 坐标 ,显示坐标测量菜单,如右图所示	坐标	坐标测量 1. 测量 2. 设置测站 ↕5 3. 设置后视
(2)选取"2 设置测站"后按 ENT (或直接按数字键2),输入测站数据,显示如右图所示	"2.设置测站" + ENT	N_0: 1234.688 E_0: 1748.234 Z_0: 5121.579 ↕5 仪器高:0.000m 目标高:0.000m 取值 记录 确定

续上表

操作过程	操作键	显示
(3)输入下列各数据项： N_0,E_0,Z_0(测站点坐标)、仪器高、目标高。每输入一数据项后按 ENT ，若按 记录 ，则记录测站数据，有关操作方法请参阅"21.1 记录测站数据"，再按 存储 将测站数据存入工作文件	输入测站数据 + ENT	N_0: 1234.688 E_0: 1748.234 Z_0: 5121.579　　▮5 仪器高:1.600m 目标高:2.000m 　记录　　　确定
(4)按 确定 结束测站数据输入操作，返回设置后视屏幕 注:如需存储坐标，按记录键存储	确定	坐标测量 1. 测量 2. 设置测站 3. 设置后视

注:1. 坐标输入范围: $-99999999.9999 \sim +99999999.9999$(m)。

　2. 仪器高输入范围: $-9999.9999 \sim +9999.9999$(m)。

　3. 目标高输入范围: $-9999.9999 \sim +9999.9999$(m)。

读取预先存入的坐标数据：

(1)若希望使用预先存入的坐标数据作为测站点的坐标,可在测站数据输入显示下按取值读取所需的坐标数据。

(2)读取的既可以是内存中的已知坐标数据,也可以是所指定工作文件中的坐标数据。

注:这里所说的指定工作文件,并不是在内存模式下所选取的工作文件,而是在内存工作文件模式下,"2、选择调用坐标文件"中所指定的读取坐标工作文件。

读取预先存入的坐标数据步骤见表7-14。

读取预先存入的坐标数据　　　　　　　　　　　　　　表7-14

操作过程	操作键	显示
(1)在测站数据输入显示下按 取值 ,出现坐标点号显示。如右图所示,其中: 测站点或坐标点:表示存储于指定工作文件中的坐标数据对应的点号	取值	点　1 测站1 测站2 坐标1 　查阅　　查找
(2)按▲或者▼使光标位于待读取点的点号上；也可在按 查找 后,在如右图所示的"点"行上直接输入待读取点的点号。(只能查找光标以下的点号,不包括光标和光标以上的点号) 点名:表示存储于内部存储器中的坐标数据对应的点号。 ▲　查阅上一个数据 ▼　查阅下一个数据 ◀　查阅上一页数据 ▶　查阅下一页数据	查找	查找 点名:　　　　　1　▮5 　　　　　　　　确定

续上表

操作过程	操作键	显　　示
（3）按 查阅 读取所选点，并显示其坐标数据，显示如右图所示。 按 最前 / 最后 键可查看作业中的其他数据按 ESC 可返回取值列表	查阅	N:1234.688 E:1748.234 Z:5121.579 点名:100 目标高:2.000m | 最前 | 最后 | P1↓ | 编码　　↑ :KOLIDA | 最前 | 最后 | P2↓ |
（4）按 ENT 返回测站设置屏幕	ENT	N_0:1234.688 E_0:1748.234 Z_0:5121.579 仪器高:1.600m 目标高:2.000m | 取值 | 记录 | 确定 |
（5）按 确定 键，显示返回设置后视屏幕 注：如需存储坐标，按记录键存储	确定	坐标测量： 1. 测量 2. 设置测站　　　↕5 3. 设置后视

2. 方位角设置

（1）后视方位角可通过输入后视坐标或后视方位角度来设置。

（2）在输入测站点和后视点的坐标后，可计算或设置到后视点方向的方位角。照准后视点。

通过按键操作，仪器便根据测站点和后视点的坐标，自动完成后视方向方位角的设置，如图 7-15 所示。

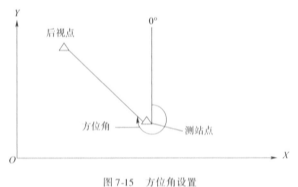

图 7-15　方位角设置

1）角度定后视

后视方位角的设置可通过直接输入方位角来设置。

设置步骤见表7-15。

角度定后视设置步骤　　　　　　　　　　　　　　　表7-15

操作过程	操作键	显示
（1）在坐标测量菜单屏幕下用▲▼选取"3.设置后视"后按 ENT （或直接按数字键3），显示如右图所示，选择"1.角度定后视"	"1.角度定后视"	设置后视 1.角度定后视 2.坐标定后视
（2）输入方位角，并按 确定 键	输入方位角 + 确定	设置方位角 HAR　　　120°00′00″　　　■5 确定
（3）照准后视点后按 是	是	设置方位角 请照准后视　　　　　　　■5 HAR　　　120°00′00″ 否　是 记录后视数据
（4）结束方位角设置返回坐标测量菜单屏幕		坐标测量 1.测量 2.设置测站　　　　　　　■5 3.设置后视

2）坐标定后视

后视方位角的设置也可通过输入后视坐标来设置，系统根据测站点和后视点坐标计算出方位角。设置步骤见表7-16。

坐标定后视设置步骤　　　　　　　　　　　　　　　表7-16

操作过程	操作键	显示
（1）在设置后视菜单中，选择"2.坐标定后视"	"2.坐标定后视"	设置后视 1.角度定后视 2.坐标定后视　　　　　　■5
（2）输入后视点坐标NBS、EBS和ZBS的值，每输入完一个数据后按 ENT ，然后按 确定 。若要调用作业中的数据，则按 取值 键	输入后视坐标 + ENT + 确定	后视坐标 NBS　　　　　　1382.450m EBS　　　　　　3455.235m ZBS　　　　　　1234.344m 取值　　　　　　　　　　确定
（3）系统根据设置的测站点的后视点坐标计算出后视方位角，屏幕显示如右图所示。（HAR为应照准的后视方位角）		设置方位角 请照准后视　　　　　　　■5 HAR　　　　40°00′00″ 否　是

续上表

操作过程	操作键	显　　示
(4)照准后视点,按 是 ,结束方位角设置返回坐标测量菜单屏幕		坐标测量 1. 测量 2. 设置测站　　　　　　▮5 3. 设置后视

3. 坐标测量

(1)在完成了测站数据的输入和后视方位角的设置后,通过距离和角度测量便可确定目标点的坐标。坐标测量步骤见表7-17。坐标测量如图7-16所示。

坐标测量步骤　　　　　　　　　　　　　　　　　　　　　　　　　表7-17

操作过程	操作键	显　　示
(1)精确照准目标棱镜中心后,在坐标测量菜单屏幕下选择"1.测量"后按 ENT (或直接按数字键1),显示如右图所示	选择"1.测量"+ ENT	坐标测量. 坐标　镜常数＝0 　　　　PPM＝0　　　　▮5 单次精测 　　　　　　　　　　停止
(2)测量完成后,显示出目标点的坐标值以及到目标点的距离,垂直角和水平角,如右图所示。(若仪器设置为重复测量模式,按 停止 键来停止测量并显示测量值)		N;1534.688 E;1048.234 Z;1121.579　　　　　▮5 S 1382.450　m HAR 12°34′34″ 　　　　　　　　　　停止 N;1534.688　m E;1048.234　m Z;1121.579　m　　　　▮5 S 1382.450　m HAR 12°34′34″ 记录　测站　　　　观测
(3)若需将坐标数据记录于工作文件按 记录 ,显示如右图所示。输入下列各数据项: 1. 点名:目标点点号 2. 编码:编码或备注信息等每输入完一数据项后按▼ ・当光标位于编码行时,可直接输入编码信息。也可以按 编码 键,显示编码列表,按▲或者▼使光标位于待选取的编码上,选择预先输入内存的一个编码。按 ENT 返回。		*N;1534.688　m *E;1048.234　m *Z;1121.579　m 点名;KOLIDA 编码; 存储　标高　编码

续上表

操作过程	操作键	显 示
或输入编码对应的序列号直接调用,比如输入数字1,按 ENT 就可调用编码文件中相对应的编码。 按 存储 记录数据	记录 + 存储	001:1VS 002:123 查阅 查找 删除 添加 * N:1534.688 m * E:1048.234 m * Z:1121.579 m 点名:KOLIDA 编码:IVS 存储 标高 编码
(4)照准下一目标点按 观测 开始下一目标点的坐标测量。按 测站 可进入测站数据输入屏幕,重新输入测站数据。 ·重新输入的测站数据将对下一观测起作用。因此当目标高发生变化时,应在测量前输入变化后的值	观测	N:1534.688 m E:1848.234 m Z:1821.579 m ↕ 5 S 482.450 m HAR 92°34′34″ 测站 观测
(5)按 ESC 结束坐标测量并返回坐标测量菜单屏幕	ESC	坐标测量 1. 观测 2. 设置测站 ↕ 5 3. 设置后视

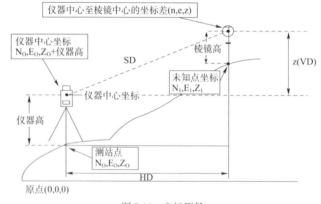

图 7-16 坐标测量

未知点坐标的计算和显示过程如下。
测站点坐标:(N_0,E_0,Z_0)。
仪器高:
棱镜高:
高差:z。
仪器中心至棱镜中心的坐标差:(n,e,z)。
未知点坐标:(N_1,E_1,Z_1)。

$N_1 = N_0 + n$

$E_1 = E_0 + e$

$Z_1 = Z_0 + 仪器高 + z - 棱镜高$

（2）进行坐标测量之前请检查：

①仪器已正确地安置在测站点上。

②电池已充足电。

③度盘指标已设置好。

④仪器参数已按观测条件设置好。

⑤大气改正数、棱镜常数改正数和测距模式已正确设置。

⑥已准确照准棱镜中心，返回信号强度适宜测量。

二、平面坐标放样

放样测量用于实地上测设出所要求的点。在放样过程中，通过对照准点角度、距离或者坐标的测量，仪器将显示出预先输入的放样数据与实测值之差以指导放样进行。显示的差值按下式计算：

$$水平角差值 = 水平角实测值 - 水平角放样值$$

$$斜距差值 = 斜距实测值 - 斜距放样值$$

$$平距差值 = 平距实测值 - 平距放样值$$

$$高差差值 = 高差实测值 - 高差放样值$$

全站仪均有按角度和距离放样及按坐标放样的功能。下面以科力达 GTS-440 为例介绍。

（1）坐标放样测量用于在实地上测定出其坐标值为已知的点。

（2）在输入放样点的坐标后，仪器自动计算出所需水平角和平距值并存储于内部存储器中。借助于角度放样和距离放样功能便可设定待放样点的位置，如图 7-17 所示。

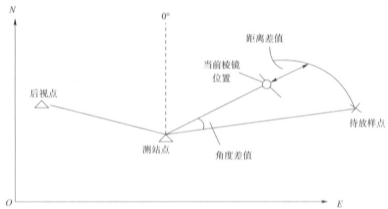

图 7-17 坐标放样测量

在菜单模式下选择"2. 放样"也可以进行坐标放样。

（3）预先输入仪器的坐标数据可以输出和作为打桩的桩位的坐标。

（4）为进行高程 Z 坐标的放样，将棱镜安置在测杆等物上，使棱镜高相同。

坐标放样步骤见表 7-18。

坐 标 放 样 步 骤　　　　　　　　　表 7-18

操作过程	操作键	显示
(1)在测量模式的第2页菜单下按 放样 ，进入放样测量菜单屏幕	放样	放样 1.设置测站　　　　　　▮5 2.放样 3.观测 4.测距参数
(2)选择"1、设置测站"后按 ENT (或直接按数字键1)。 输入测站数据(或按 取值 调用仪器内存中的坐标数据)。按 后交 进行后方交会设站,详细参照"15 后方交会测量"	"1.设置测站" + ENT	N_0：123.789 B_0：100.346 Z_0：320.679　　　　▮5 仪器高：1.650m 目标高：2.100m 取值　方位　后视　后交
(3)按 后视 进入"后视坐标"界面,输入坐标完毕后进入后视照准界面。 记录 :记录测站数据 检查 :显示测量坐标和输入后视之间的差值 是 :设置测站单不记录测站数据	"F3 后视" + 输入坐标 + 确定	后视 请照准后视 ZA　89°45′23″　　　　▮5 HAR　49°26′34″ 方位角　150°16′54″ 记录　检查　否　是
(4)选择"2.放样"后按 ENT ,在 N_p、E_p、Z_p 中分别输入待放样点的三个坐标值,每输入完一个数据项后按 ENT ESC :中断输入 取值 :读取数据 记录 :记录数据	"2.放样" + ENT	放样值(1) N_p：1223.455 E_p：2445.670 Z_p：1209.747 目标高:1.620m ↓ 记录　取值　确定
(5)在上述数据输入完毕后,仪器自动计算出放样所需距离和水平角,并显示在屏幕上。按 确定 进入放样观测屏幕	确定	SO_2H　－2.193m H　0.043m ZA　89°45′23″ HAR　150°16′54″ dHA　－0°00′06″ 记录　切换　<一>　平距
(6)按"12.1距离放样测量"中介绍的第5至第10步操作定出待放样点的平面位置,为了确定出待放样点的高程,按 切换 使之显示 坐标 。按 坐标 开始高程放样测量,屏幕显示如右图所示	切换 + 坐标	SO_2N　0.001m E：－0.006m Z　5.321m HAR　150°16′54″ dHA　0°00′02″ 记录　切换　<一>　坐标

续上表

操作过程	操作键	显　　示
(7)测量停止后显示出放样观测屏幕。按 <一> 后按 坐标 使之显示放样引导屏幕。其中第4行位置上所显示的值为至待放样点的高差。而由两个三角形组成的箭头指示棱镜应移动的方向。 (若欲使至待放样的差值以坐标形式显示。在测量停止后再按一次 <一>)	<一> + 坐标	← 0°00′00″ ↓ -0.006m ↓ 0.300m ZA 89°45′20″ HAR 150°16′54″ 记录　切换　<一>　坐标
(8)按 坐标,向上或者向下移动棱镜至使所显示的高差值为0m(该值接近于0m时,屏幕显示出两个箭头)。当第1、2、3行的显示值均为0时,测杆底部所对应的位置即为待放样点的位置。箭头含义: ↑:向上移动棱镜　↓:向下移动棱镜 注:按 FNC 键可改目标高	坐标	↔ 0°00′00″ ↔ 0.000m ↔ 0.003m ZA 89°45′20″ HAR 150°16′54″ 记录　切换　<一>　坐标
(9)按 ESC 返回放样值(1)界面。 从第4步开始放样下一个点	ESC	放样值(1) N_p: 1223.455 E_p: 2445.670 Z_p: 1209.747 目标高:1.620m↓ 记录　取值　确定

三、全站仪导线测量

全站仪导线测量就是利用全站仪具有的坐标测量功能进行导线测量,它的优点就是在测站能同时把导线点的坐标和高程计算出来。

1. 外业观测工作

全站仪导线测量的外业工作除踏勘选点及建立标志(同常规导线测量相同)外,主要是利用全站仪的坐标测量功能,直接测量坐标和距离,并以坐标作为观测值,由已知点坐标测量到另外已知点的计算坐标,应该与该已知点的理论坐标相等,由于测量误差它们不一定相等,则需要进行成果处理。

2. 以坐标为观测值的导线近似平差

全站仪导线近似平差不是对角度和距离进行平差,而是直接对坐标进行平差。由于测量有误差,从已知点坐标 $A(x_A, y_A)$ 测量到另外已知点的计算坐标 $C'(x'_C, y'_C)$,与该已知点的理论坐标 $C(x_C, y_C)$ 不符,分别存在误差为 f_x、f_y,称为纵、横坐标增量闭合差。即:

$$f_x = x'_C - x_C, \quad f_y = y'_C - y_C \tag{7-23}$$

则导线全长闭合差：

$$f_D = \sqrt{f_x^2 + f_y^2} \tag{7-24}$$

导线全长闭合差是随导线长度的增大而增大，所以导线测量精度是用导线全长相对闭合差：

$$K = \frac{f_D}{\sum D} = \frac{1}{\sum D/f_D} \tag{7-25}$$

当 $K > K_{容}$ 时，应检查外业成果和计算过程，不合格应补测或重测。

当 $K \leq K_{容}$ 时，应对闭合差进行分配。

$$V_{xi} = -\frac{f_x}{\sum D} \cdot \sum D_i$$

$$V_{yi} = -\frac{f_y}{\sum D} \cdot \sum D_i \tag{7-26}$$

式中：$\sum D$——导线的全长；

$\sum D_i$——第 i 点之前导线边长之和。

坐标按下式计算：

$$x_i = x'_i + V_{x_i}$$
$$y_i = y'_i + V_{y_i} \tag{7-27}$$

另外全站仪可以同时进行高程测量，高程测量成果也按照水准测量的方法同样处理。即按下列公式计算：

$$f_H = H'_C - H_C \tag{7-28}$$

高程测量限差参照电磁波三角高程测量的技术要求执行。

各导线点高程的改正数为：

$$V_{Hi} = \frac{-f_H}{\sum D} - \sum D_i \tag{7-29}$$

各导线点的高程按下式进行计算：

$$H_i = H'_i + V_{Hi} \tag{7-30}$$

最后求出各导线点高程。表 7-19 为全站仪导线测量以坐标为观测值的近似算例。

全站仪坐标计算表　　　　　　　　　　　表 7-19

序号	坐标观测值（m）		边长（m）	坐标改正数（mm）			坐标平差后值（m）			点号
	x'_i	y'_i		V_{xi}	V_{yi}	V_{Hi}	X_i	Y_i	Z_i	
1	2	3	4	5	6	7	8	9	10	11	12
A							31242.685	19631.274		A
B(1)			1573.261				27654.173	16814.216	462.874	B(1)
2	26861.436	18173.156	467.102	865.360	−5	+4	+6	26861.431	18173.160	467.108	2
3	27150.098	18988.951	460.912	1238.023	−8	+6	+9	27150.090	18988.957′	460.921	3
4	27286.434	20219.444	451.446	1821.746	−12	+9	+13	27286.422	20219.453	451.459	4

续上表

序号	坐标观测值(m)		边长	坐标改正数(mm)			坐标平差后值(m)			点号
	x'_i	y'_i	(m)	V_{xi}	V_{Yi}	V_{Hi}	X_i	Y_i	Z_i	
5	29104.742	20331.319	462.178	507.681	-18	+14	+20	29104.724	20331.333	462.198	5
C(6)	29564.269	20547.130	468.518	=6006.071	-19	+16	+22	29564.560	20547.146	468.540	C(6)
D								30666.511	21880.362		D
辅助计算	$f_x = x'_C - x_C = 29564.269 - 29564.250 = +19 (\text{mm})$ $f_y = y'_C - y_C = 20547.130 - 20547.146 = -16 (\text{mm})$ $f_D = \sqrt{f_x^2 + f_y^2} = 24 (\text{mm})$ $f_H = H'_C - H_C = 468.518 - 468.540 = -22 (\text{mm})$ $K = \dfrac{f_D}{\sum D} = \dfrac{0.024}{6006.071} = \dfrac{1}{250000} \leq K_容$									

任务五　三四等水准测量

地面点空间位置是由坐标(x,y)和高程(H)确定的,所以控制测量除了要完成平面控制测量外,还要进行高程的控制测量。工程测量的高程控制精度等级的划分,依次为二、三、四、五等,各等高程控制宜采用水准测量,四等及以下等级可采用电磁波测映三角高程测量,五等也可采用 GNSS 拟合高程测量。首级高程控制网的等级,应根据工程规模、控制网的用途和精度要求合理选择。首级网应布设成环形网,加密网宜布设成附合路线或结点网。小区域的测图和工程施工的高程控制测量一般以三、四等水准测量作为首级控制。

测区的高程系统,宜采用1985年国家高程基准。在已有高程控制网的地区测量时,可沿用原有的高程系统;当小测区联测有困难时,也可采用假定高程系统。本工作任务主要介绍三、四等水准测量。

一、水准测量的技术要求

对于公路工程,各级公路及构造物的高程控制测量等级不得低于表 7-20 的规定。

水准测量的主要技术要求　　　　　　表 7-20

等　级	每千米高差中数误差(mm)		附合或环线水准路线长度(km)		往返较差、附合(mm)		检测已测测段高差之差(mm)
	偶然中数误差 M_Δ	全中误差 M_W	路线、隧道	桥梁	平原、微丘	山岭、重丘	
二等	±1	±2	600	100	≤4	≤4	≤6
三等	±3	±6	60	10	≤12	≤3.5 或 ≤15	$\leq 20\sqrt{L_i}$
四等	±5	±10	25	4	≤20	≤6.0 或 ≤25	≤30
五等	±8	±16	10	1.6	≤30	≤45	≤40

注:计算往返较差时,λ 为水准点间的路线长度(km);计算附和或环线闭合差时 λ 为附和或环线的路线长度(km)。L_i 为测站书也为检测测段长度(km),小于1km 按1km 计算;数字水准仪测量的技术要求和同等级的光学水准仪相同。

各等级水准测量的主要技术要求见表 7-20。

二、水准测量的观测方法

水准测量的观测方法见表 7-21。

水准测量的观测方法　　　　　表 7-21

测量等级	观测方法		观测顺序
二等	光学测微法	往、返	后→前→前→后
	中丝读数法		
三等	光学测微法	往、返	后→前→前→后
	中丝读数法		
四等	中丝读数法	往	后→后→前→前
五等	中丝读数法	往	后→前

三、三四等水准测量的任务实施

1. 资料准备与仪器检校

1）资料的准备

学生准备好实习过程中所需要的资料（收集测区已有的水准点的成果资料和水准点分布图）和用具（H 或 2H 铅笔、记录手簿等）。

2）仪器的准备

（1）学生按分组到测量仪器室领取有关实习仪器水准仪、水准尺、尺垫和记录板等。

（2）学生熟悉仪器并对水准仪、水准尺进行必要检验与校正。

水准测量所使用的仪器应符合下列规定：水准仪的视准轴与水准管的夹角在作业开始的第一周内应每天测定一次，i 角稳定后每隔 15 天测定一次，其值不得大于 20″；水准尺上的米间隔平均长与名义长之差，对于线条式铟瓦标尺不应大于 0.1mm，对于区格式木质标尺不应大于 0.5mm。

2. 踏勘选点

水准测量实施之前应根据已知测区范围、水准点分布、地形条件以及测图和施工需要等具体情况，到实地踏勘，合理地选定水准点的位置。水准点的布设，应符合下列规定：

（1）高程控制点间的距离，一般地区应为 1～3km；工业厂区、城镇建筑区宜小于 1km。但一个测区及周围至少应有 3 个高程控制点。

（2）应将点位选在质地坚硬、密实、稳固的地方或稳定的建筑物上，且便于寻找、保存和引测；当采用数字水准仪作业时，水准路线还应避开电磁场的干扰。

（3）埋石：水准点位置确定后应建立标志，一般宜采用水准标石，也可采用墙上水准点。标志及标石的埋设规格，应执行规范附录的规定执行；埋设完成后，应绘制"点之记"，必要时还应设置指示桩。

水准观测，应在标石埋设稳定后进行。各等级水准观测的主要技术要求，应符合表 7-22 中的规定。

水准测量观测的主要技术要求　　　　　　　　　　　　　　　　　表 7-22

等　级	仪器类型	水准尺类型	视线长（m）	前后视较差（m）	前后视累积差（m）	视线离地面最低高度（m）	基辅(黑红)面读数差（mm）	基辅(黑红)面高差之差（mm）
二等	DS0.5	铟瓦	≤50	≤1	≤3	NO.3	≤0.4	≤0.6
三等	DS1	铟瓦	≤100	≤3	≤6	NO.3	≤1.0	≤1.5
三等	DS2	双面	≤75	≤3	≤6	NO.3	≤2.0	≤3.0
四等	DS3	双面	≤100	≤5	≤10	NO.2	≤3.0	≤5.0
五等	DS3	双面	≤100	≤10	—	—	—	≤7.0

注：1. 二等水准视线长度小于 20m 时，其视线高度不应低于 0.3m。

2. 三、四等水准采用变动仪器高度观测单面水准尺时，所测两次高差较差，应与黑面、红面所测高差之差的要求相同。

3. 数字水准仪观测，不受基、辅分划或黑、红面读数较差指标的限制，但测站两次观测的高差较差，应满足表中相应等级基、辅分划或黑、红面所测高差较差的限值。

3. 水准测量

下面以一个测站为例，介绍三、四等水准测量观测的程序，其记录与计算见表 7-23。

三（四）等水准测量记录计算表　　　　　　　　　　　　　　　　　表 7-23

日期：＿＿＿年＿＿月＿＿日　天气：＿＿＿＿　仪器型号：＿＿＿　组号：＿＿＿

观测者：　记录者：＿＿＿＿　司尺者：＿＿＿＿

测站编号	点号	后尺 上丝 下丝 后视距 视距差 d	前尺 上丝 下丝 前视距 累加差 Σd	方向及尺号	标尺读数 黑面（m）	标尺读数 红面（m）	K+黑-红（mm）	高差中数（m）	备　注
1		(1)	(4)	后尺 1 号	(3)	(8)	(14)	18	
		(2)	(5)	前尺 2 号	(6)	(7)	(13)		
		(9)	(10)	后－前	(15)	(16)	(17)		
		(11)	(12)						
1	BM1	1.571	0.739	后尺 1 号	1.384	6.171	0	+0.832	已知水准点的高，尺 1 号的 K = 4.787，尺 2 号的 K = 4.687
		1.197	0.363	前尺 2 号	0.551	5.239	-1		
	ZD1	37.4	37.6	后－前	+0.833	+0.932	+1		
		-0.2	-0.2						
2	ZD1	2.121	2.196	后尺 2 号	1.934	6.621	0	-0.0745	
		1.747	1.821	前尺 1 号	2.008	6.796	1		
	ZD2	37.4	37.5	后－前	-0.074	-0.175	+1		
		-0.1	-0.3						
3	ZD2	1.914	2.055	后尺 1 号	1.726	6.513	0	-0.1405	
		1.539	1.678	前尺 2 号	1.866	6.554	-1		
	ZD3	37.5	37.7	后－前	-0.140	-0.041	+1		
		-0.2	-0.5						

续上表

测站编号	点号	后尺 上丝 下丝 后视距 视距差d	前尺 上丝 下丝 前视距 累加差∑d	方向及尺号	标尺读数 黑面(m)	标尺读数 红面(m)	K+黑-红(mm)	高差中数(m)	备注
4	ZD3 —— ZD3	1.965 1.700 26.5 -0.2	2.141 1.874 26.7 -0.7	后尺2号 前尺1号 后-前	1.832 2.007 -0.175	6.519 6.793 -0.274	0 +1 -1	-0.1745	
5	ZD4 ZD5	1.540 1.069 47.1 +1.5	2.813 2.357 45.6 +0.8—	后尺1号 前尺2号 后-前	1.304 2.585 -1.281	6.091 7.272 -1.181	0 0 0	-1.2810	
本页校对		∑[(3)+(8)]-∑[(6)+(7)]=40.095-47.671=-1 ∑[(15)+(16)]=-1.576;2∑(18)=-1.576 由此可以满足∑[(3)+(8)]-∑[(6)+(7)]=∑[(15)+(16)]=2∑(18) ∑(9)-∑(10)=185.9-185.1=+0.8=末站(12) 总视距=∑(9)+∑(10)=371.0							

一个测站的观测顺序:
(1)照准后视尺黑面,分别读取上、下、中三丝读数,并记为(1)、(2)、(3);
(2)照准前视尺黑面,分别读取上、下、中三丝读数,并记为(4)、(5)、(6);
(3)照准前视尺红面,读取中丝读数,并记为(7);
(4)照准后视尺红面,读取中丝读数,并记为(8)。

上述四步观测,简称为"后—前—前—后(黑—黑—红—红)",这样的观测步骤可消除或减弱仪器或尺垫下沉误差的影响。对于四等水准测量,规范允许采用"后—后—前—前(黑—红—黑—红)"的观测步骤,这种步骤比上述的步骤要简便些,主要目的是尽量缩短观测时间,减少外界环境对测量的影响,必须保证读数、记录等绝对正确,否则适得其反。

1)一个测站的计算与检验
(1)视距的计算与检验。
后视距:(9)=[(1)-(2)]×100m。
前视距:(10)=[(4)-(5)]×100m。　　　　　　　　　(三等:≤75m,四等:≤100m)
前、后视距差:(11)=(9)-(10)。　　　　　　　　　　(三等:≤3m,四等:≤5m)
前、后视距差累积:(12)=本站(11)+上站(12)。　　　(三等:≤6m,四等:≤10m)
(2)水准尺读数的检核。
同一根水准尺黑面与红面中丝读数之差:
前尺黑面与红面中丝读数之差(13)=(6)+K-(7)。

后尺黑面与红面中丝读数之差(14) = (3) + K - (8)。　（三等：≤2mm，四等：≤3mm）

上式中的 K 为红面尺的起点常数，为 4m 或 4.787m。

(3)高差的计算与检核。

黑面测得的高差(15) = (3) - (6)。

红面测得的高差(16) = (8) - (7)。

校核：黑、红面高差之差(17) = (15) - [(16) ± 0.100]或(17) = (14) - (13)。（三等：≤3mm，四等：≤5mm）

在测站上，当后尺红面起点为 4.687m，前尺红面起点为 4.787m 时，取"+"0.100，反之取"-"0.100。（即"±"是以黑面数字为准，黑面数字小就取"-"，黑面数字大就取"+"）。

2) 每页计算检核

(1) 高差部分在每页上，后视红、黑面读数总和与前视红、黑面读数总和之差，应等于红、黑面高差之和。

对于测站数为偶数的页：

$$\Sigma[(3)+(8)] - \Sigma[(6)+(7)] = \Sigma[(15)+(16)] = 2\Sigma(18)$$

对于测站数为奇数的页：

$$\Sigma[(3)+(8)] - \Sigma[(6)+(7)] = \Sigma[(15)+(16)] = 2\Sigma(18) \pm 0.100$$

(2) 视距部分。在每页上，后视距总和与前视距总和之差应等于本页末站视距差累积值与上页末站视距差累积值之差。校核无误后，可计算水准路线的总长度。

$$\Sigma(9) - \Sigma(10) = 本页末站之(12) - 上页末站之(12)$$

$$水准路线总长度 = \Sigma(9) - \Sigma(10)$$

4. 三、四等水准测量的成果整理

1) 内业成果计算与检核

三、四等水准测量的闭合路线或附合路线的成果整理，和普通水准测量计算一样对高差闭合差进行调整，然后计算水准点的高程。

四、等水准高差闭合差应按式(7-29)或式(7-30)计算，必须符合表 7-20 的要求。

$$f_{h容} = \pm 6\sqrt{n}(\text{mm})（山区） \qquad (7-31)$$

$$f_{h容} = \pm 20\sqrt{L}(\text{mm})（平原） \qquad (7-32)$$

2) 观测结果的重测和取位

高程控制测量数字取位，应符合表 7-24 的规定。

高程测量数字取位要求　　　　表 7-24

测 量 等 级	各测站高差 (mm)	往返测距离总和 (km)	往返测距离中数 (km)	往返测高差总和 (mm)	往返测高差中数 (mm)	高程 (mm)
各等	0.1	0.1	0.1	0.1	1	1

(1) 观测结果超限必须进行重测。

(2) 测站观测超限必须立即重测，否则从水准点或间歇点开始重测。

（3）测段往、返测高差较差超限必须重测，重测后应选往、返测合格的结果。如果重测结果与原测结果分别比较，较差均不超过限差时，取3次结果的平均值。

（4）每条水准路线按测段往返测高差较差、附合路线的环线闭合差计算的高差中误差 M_Δ 或高差中数全中误差 M_W，超限时，应先对路线上闭合差较大的测段进行重测。

M_Δ 和 M_W 按式(7-31)和式(7-32)计算。

3）精度评定

水准测量的数据处理，应符合下列规定：

当每条水准路线分测段施测时，应按式(7-31)计算每千米水准测量的高差偶然中误差，其绝对值不应超过表7-20中相应等级每千米高差全中误差的1/2。

$$M_\Delta = \sqrt{\frac{1}{4n}\left[\frac{\Delta\Delta}{L}\right]} \qquad (7-33)$$

式中：M_Δ——高差偶然中数误差，mm；

Δ——测段往返高差不符值，mm；

L——测段长度，km；

n——测段数。

水准测量结束后，应按式(7-32)计算每千米水准测量高差全中误差，其绝对值不应超过表7-20中相应等级的规定。

$$M_W = \sqrt{\frac{1}{N}\left[\frac{WW}{L}\right]} \qquad (7-34)$$

式中：M_W——高差全中误差，mm；

W——附合或环线闭合差，mm；

L——计算各 W 值时，相应的路线长度，km；

N——附合路线和闭合环的总个数。

习　题

1. 什么是坐标正算？什么是坐标反算？坐标反算时，坐标方位角如何确定？
2. 什么叫坐标方位角，正(反)方位角？
3. 测量的目的是什么？其外业工作如何进行？
4. 闭合导线与附和导线的内业计算的异同点？
5. 导线布设有几种形式？单一导线布设有几种形式？
6. 有一附合导线，总长为1857.63m，坐标增量总和 $\sum \Delta X = 118.63$m，$\sum \Delta Y = 1511.79$m，与附合导线相连接的高级点坐标 $X_a = 294.93$m，$Y_a = 2984.43$m，$X_b = 413.04$m，$Y_b = 4496.386$m。试计算导线全长相对闭合差，和每100m边长的坐标增量改正数（X 和 Y 分别计算）。
7. 根据所学知识，完成表7-25的计算。

导 线 计 算 表　　　　　　　　　　表 7-25

点　号	观测改正后角值 (° ′ ″)	坐标方位角 (° ′ ″)	距离 (m)	坐标增量		附　注
				Δx(m)	Δy(m)	
A						
1	86　10　00	53　54　48	210.139			
2	100　50　23		170.660			观测角为左角
3	78　10　01		216.976			
A	94　49　36		197.443			

项目八

地形图测绘与应用

1. 掌握地形测量的基本概念和表示方法及比例尺地形图的基本概念与作用。
2. 掌握全站仪数字测图的理论过程。
3. 地形图上地物和地貌的符号表示意义和作用。

1. 能区分地形图的地物与地貌并用符号表示出来。
2. 会正确使用全站仪进行数字化测图。
3. 能正确地阅读和应用地形图。

素质目标

1. 具备吃苦耐劳、爱岗敬业的精神,良好的职业道德与法律意识。
2. 具备良好的人际沟通、团队协作能力。
3. 具备良好的自我管理与约束能力。

重点 比例尺地形图的作用、全站仪数字测图的理论过程、地形图的应用。

难点 能够正确地阅读和应用地形图解决工程建设中的问题。

任务一 地形图的基本知识

地球表面是复杂多样的,在测量中将地球表面上天然和人工形成的各种固定物称为地物。将地球表面高低起伏的形态称为地貌。地物和地貌二者合称为地形。地形图的测绘就是将地球表面某区域内的地物和地貌按正射投影的方法和一定的比例尺,用规定的图式符号测绘到图纸上,这种表示地物和地貌平面位置和高程的图称为地形图;如果只测地物,不测地貌,即在测绘的图上只表示了地物的情况,而不表示地面的高低情况,这样的图称为平面图。地形图的测绘应遵循"从整体到局部""先控制后碎部"的原则,先根据测图的目的及测区的具体情况,建立平面及高程控制网,然后在控制点的基础上进行地物和地貌的碎部测量。碎部测量是利用平板仪、光电测距照准仪、经纬仪以及全站仪等测量仪器以相应的方法,在某一控制点(测站)上测绘地物轮廓点和地面起伏点的平面位置和高程,并将其绘制在图纸上的工作。

项目八 地形图测绘与应用

一、测图比例尺

比例尺是地形测量中的必备工具。它是指图上两点间直线的长度 d 与其相对应在地面上的实际水平距离 D 之比,其表示形式分为数字比例尺和图示比例尺两种。

1. 比例尺的表示方法

1) 数字比例尺

数字比例尺以分子为1、分母为整数的分数表示,即:

$$\frac{d}{D} = \frac{1}{\frac{D}{d}} = \frac{1}{M} \text{ 或 } 1:M \tag{8-1}$$

式中:M——比例尺分母。

分母 M 数值越大,则图的比例尺就越小;反之 M 越小比例尺就越大,图面表示的内容就越详细。

数字比例尺一般写成如:1:500、1:1000、1:2000。

2) 图示比例尺

如图 8-1 所示,常用图示比例尺为直线比例尺。图中表示的为 1:10000 的直线比例尺,取 1cm 长度为基本单位,从直线比例尺上可直接读得基本单位的 1/10,可以估读到 1/100。图示比例尺一般绘于图纸的下方,它和图纸一起复印或蓝晒,因此用它量取图上的直线长度,可以消除图纸伸缩变形的影响。

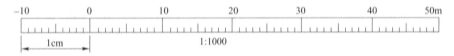

图 8-1 图示比例尺

2. 地形图按比例尺分类

我国把地形图按比例尺大小划分为大、中、小三种比例尺地形图。

1) 大比例尺地形图

通常把 1:500、1:1000、1:2000 和 1:5000 比例尺的地形图,称为大比例尺地形图。对于大比例尺地形图的测绘,传统测量方法是利用经纬仪或平板仪进行野外测量;现代测量方法是利用电磁波测距仪光电测距照准仪或全站仪,从野外测量、计算到内业一体化的数字化成图测量,它是在传统方法的基础上建立起来的。

公路、铁路、城市规划、水利设施等工程上普遍使用大比例尺地形图。

2) 中比例尺地形图

把 1:10000、1:25000、1:50000、1:100000 的地形图称为中比例尺地形图。中比例尺地形图一般采用航空摄影测量或航天遥感数字摄影测量方法测绘,一般由国家测绘部门完成。

3) 小比例尺地形图

把小于 1:100000 的如 1:200000、1:250000、1:500000、1:1000000 等的地形图称为小比例尺地形图。小比例尺地形图一般是以比其大的比例尺地形图为基础,采用编绘的方法完成。

1:10000、1:25000、1:50000、1:100000、1:250000、1:500000 和 1:1000000 的比例尺地形图，被确定为国家基本比例尺地形图。

3. 比例尺精度

正常情况，人们用肉眼在图纸上能分辨的最小长度为 0.1mm，即在图纸上当两点间的距离小于 0.1mm 时，人眼就无法再分辨。因此把相当于图纸上 0.1mm 的实地水平距离，称为地形图的比例尺精度（表 8-1）。即：

$$比例尺精度 = 0.1M(\text{mm})$$

式中：M——比例尺分母。

比 例 尺 精 度　　　　　　　　　　　　　　表 8-1

测图比例尺	1:500	1:1000	1:2000	1:5000	1:10000
比例尺精度（mm）	0.05	0.1	0.2	0.5	1.0

比例尺精度的概念，对测图和用图都具有十分重要的意义：

（1）根据测图的比例尺，确定实地量距的最小尺寸。例如用 1:1000 的比例尺测图时，实地量距只需量到大于 0.1m 的尺寸，因为若量得再精细，在图上也无法表示出来。

（2）根据要求，选用合适的比例尺。例如，在测图时要求在图上能反映出地面上 5cm 的细节，则由比例尺精度可知所选用的测图比例尺不应小于 1:500。

二、地形图的图外注记

标准地形图在图外注有图名、图号、接合图表、比例尺、外图廓、坐标格网、三北方向线及坡度尺等内容。

1. 图名、图号和接合图表

1）图名

一幅地形图的名称（图名），一般用图幅中最具有代表性的地名、景点名、居民地或企事业单位名称命名，图名标在图的上方正中位置。如图 8-2 所示，其图名为水集镇。

2）图号

为便于储存、检索和使用系列地形图，每张地形图除有图名外，还编有一定的图号，图号是该图幅相应分幅方法的编号，图号标在图名和上图廓线之间。如图 8-2 所示，其图号为：121.0-110.0。

地形图的分幅和编号有两种方法：一种是按经纬线划分为梯形分幅并编号；另一种是按坐标格网划分为正方形与矩形分幅并编号。前者用于中小比例尺的国家基本图的分幅；后者用于工程建设上大比例尺地形图的分幅。

现仅介绍按坐标格网划分为正方形分幅与编号的方法。

在各种工程建设中，大比例尺地形图按坐标格网划分为正方形图幅，对于 1:5000 比例尺的地形图为 40cm×40cm，其他比例尺 1:2000、1:1000、1:500 均采用 50cm×50cm 图幅。现将以上四种比例尺的地形图的图幅大小、实地测图面积等列于表 8-2 中。

正方形图幅是以 1:5000 图为基础，采用图幅西南角点的坐标千米数编号，纵坐标 x 在前，横坐标 y 在后。

项目八 地形图测绘与应用

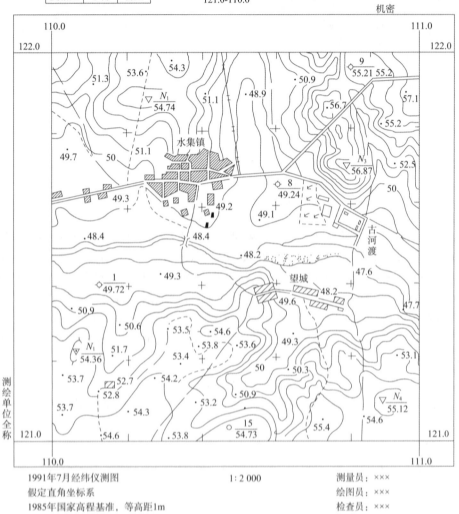

图 8-2 地形图的图名、图号和接合图表

按正方形分幅的不同比例尺图幅 表 8-2

比 例 尺	图幅大小 (cm)	图廓边的实地长度 (m)	图幅实地面积 (km²)	一幅 1:5000 图中包含 该比例尺图幅数(幅)
1:5000	40×40	2000	4	1
1:2000	50×50	1000	1	4
1:1000	50×50	500	0.25	16
1:500	50×50	250	0.0625	64

如图 8-3 所示，该图幅西南角坐标 $x=20000\mathrm{m}$，$y=30000\mathrm{m}$，故其 1:5000 比例尺地形图的编号为：20-30。

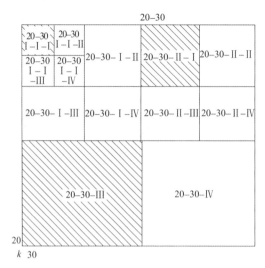

图 8-3 正方形分幅与编号

按一幅 1:5000 图中包含该比例尺图幅数,将一幅 1:5000 的地形图作四等分,便得到四幅 1:2000 比例尺的地形图,分别以 Ⅰ、Ⅱ、Ⅲ、Ⅳ表示,图幅中左上角为 Ⅰ、右上角为 Ⅱ、左下角为 Ⅲ、右下角为 Ⅳ。其图的编号可在 1:5000 图编号后加上各自的代号 Ⅰ、Ⅱ、Ⅲ、Ⅳ 作为 1:2000 图的编号,例如图中左下角打阴影为:20-30-Ⅲ。依次类推,一幅 1:2000 图又可分成四幅 1:1000 图;一幅 1:1000 图再可分成四幅 1:500 图,其后附加各自的代号均为罗马字 Ⅰ、Ⅱ、Ⅲ、Ⅳ。在图 8-3 中,1:1000 的图幅(打阴影)编号为 20-30-1-1,而 1:500 图幅(打阴影)编号为 20-30-Ⅰ-Ⅰ-Ⅰ。

当测区较小时,也可根据工程条件和要求,采用自然序数编号或行列编号法,也可采用其他编号法。总之应本着从实际出发,根据测图、用图和管理方便及用图单位的要求灵活运用。

3) 接合图表

接合图表是表示本图幅与四邻图幅的邻接关系的图表,表上注有邻接图幅的图名或图号,它绘在本幅图的上图廓的左上方,如图 8-2 所示。

2. 图廓和坐标格网

1) 图廓

地形图都有内、外图廓,内图廓线较细,是图幅的范围线,绘图必须控制在该范围线以内;外图廓线较粗,主要是对图幅起装饰作用。

2) 坐标格网

矩形图幅的内廓线也是坐标格网线,在内外图廓之间和图内绘有坐标格网交点短线,图廓的四角注记有该角点的坐标值。梯形图幅的内廓线是经纬线,图廓的四角注有经纬度,内外图廓间还有分图廓,分图廓绘有经差和纬差,用 1′间隔的黑白分度带表示,只要把分图廓对边相应的分度线连接,就构成了经、纬差各为 1′的地理坐标格网。梯形图幅内还有 1km 的直角坐标格网,称其为千米坐标格网。内图廓和分图廓之间注有千米格网坐标值,如图 8-4a)所示。

3. 三北方向线

在中、小比例尺地形图的下图廓外偏右处,绘有真子午线、磁子午线和坐标纵轴线这三个北方向线之间的角度关系图,称为三北方向线。绘制时真子午线应垂直下图廓边,如图 8-4b)所示。该图幅中,磁偏角为 9°50′(西偏);坐标纵轴线偏于真子午线以西 0°5′;而磁子午线偏于坐标纵线以西 9°45′。利用该关系图,可对图上任一方向的真方位角、磁方位角和坐标方位角三者间作相互换算。

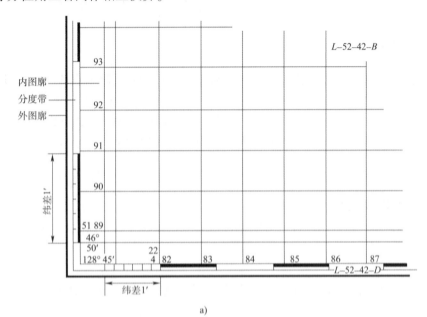

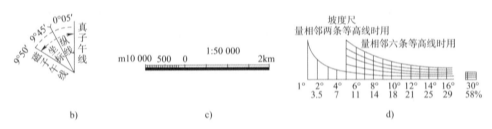

图 8-4 地形图的图廓和图外注记

4. 直线比例尺和坡度比例尺

在下图廓正下方注记测图的数字比例尺。在数字比例尺的下方绘制直线比例尺,如图 8-4c)所示,以便图解距离,消除图纸伸缩的影响。

对于梯形图幅在其下图廓偏左处,绘有坡度比例尺,如图 8-4d)所示,用以图解地面坡度和倾角。它按下式制成:

$$d = \frac{\alpha}{i \cdot M} \qquad (8-2)$$

式中: i ——地面坡度;

α ——地面倾角;

d ——两点间的水平距离;

M ——测图比例尺分母。

使用时利用分规量出相邻两点间的水平距离,在坡度比例尺上即可读取地面坡度 i。除了上述注记外,图上还注记有测图时间、测图方法、测图所用的坐标系统、高程系统以及测绘单位和测绘者等说明。

任务二　地物和地貌在图上的表示方法

一、地物的表示方法

地形图要求清晰、准确、完整地显示测区内的地物和地貌,为了便于测图和读图,所有实地的地物、地貌在图上都是用各种简明、准确、易于判断的图形或符号表示出来的。这些符号统称为地形图图式地面上的地物,如房屋、道路、河流、森林、湖泊等,其类别、形状和大小及其地图上的位置,都是用规定的符号来表示的。根据地物的大小及描绘方法的不同,地物符号分为以下几类。

1. 比例符号

轮廓较大的地物,如房屋、运动场、湖泊、森林、田地等,凡能按比例尺把它们的形状、大小和位置缩绘在图上的,称为比例符号。这类符号的形状、大小和位置均表示了地物的实际情况。

2. 非比例符号

有些地物,如三角点、水准点、独立树和里程碑等,轮廓较小,无法将其形状和大小按比例绘到图上,则不考虑其实际大小,而采用规定的符号表示之,这种符号称为非比例符号。非比例符号不仅其形状和大小不按比例绘出,而且符号的中心位置与该地物实地的中心位置关系,也随各种不同的地物而异,在测图和用图时应注意以下几点:

(1)规则的几何图形符号(圆形、正方形、三角形等),以图形几何中心点为实地地物的中心位置。

(2)底部为直角形的符号(独立树、路标等),以符号的直角顶点为实地地物的中心位置。

(3)宽底符号(烟囱、岗亭等),以符号底部中心为实地地物的中心位置。

(4)几种图形组合符号(路灯、消火栓等),以符号下方图形的几何中心为实地地物的中心位置。

(5)下方无底线的符号(山洞、窑洞等),以符号下方两端点连线的中心为实地地物的中心位置。各种符号均按直立方向描绘,即与南图廓垂直。

3. 半比例符号

长度依地图比例尺表示,而宽度不依地图比例尺表示的线状符号。一般表示长度大而宽度小的狭长地物,如铁路、公路、河流、堤坝、管道等。这种符号能精确定位和量长度,但不能显示其宽度。这种符号一般表示地物的中心位置,比如城墙和垣栅等,其准确位置在其符号的底线上。

4. 地物注记

地形图上仅用地物符号有时还无法表示清楚地物的某些特定性质和量值的地物,如城镇、学校、河流、道路、房屋等,只能用文字、数字或特有符号来说明,这些均称为注记符号。

因为测图比例尺影响地物缩小的程度,所以同一地物在不同比例尺图上运用符号就不相同。例如:一个直径为 6m 的水塔和路宽为 2.5m 的公路,在 1:1000 的图上可用比例符号表示,但在 1:5000 图上只能用非比例符号和半比例符号表示。

工程地形图上符号的示例见表 8-3。

工程地形图符号示例　　　　　　表 8-3

编号	符号名称	1:500　1:1000	1:2000	编号	符号名称	1:500　1:1000	1:2000
1	一般房屋 混—房屋结构 3—房屋层数	混3	1.6	15	小路	1.0　4.0	0.3
2	简单房屋			16	内部道路	1.0　1.0	
3	建筑中的房屋	建		17	阶梯路	1.0	
4	破坏房屋	破					
5	楼房	45°	1.6	18	打谷场、球场	球	
6	架空房屋	混凝土4　1.0 混凝土4	1.0				
7	廊房	混3　1.0	1.0	19	旱地	1.0　2.0　10.0　10.0	
8	台阶	0.6　1.0	1.0				
9	无看台的露天体育场	体育场					
10	游泳池	泳		20	花圃	1.6　1.6　10.0　10.0	
11	过街天桥						
12	高速公路 a. 收费站 0—技术等级代码	a　0　0.4		21	有林地	a=1.6 松6	
13	等级公路 2—技术等级代码(G325)— 国道路线编码	2(G325)　0.2　0.4					
14	乡村路 a. 依比例尺的 b. 不依比例尺的	a　4.0　1.0　0.2 b　8.0　2.0　0.3		22	人工草地	2.0　3.0　10.0　10.0	

续上表

编号	符号名称	1:500　1:1000　1:2000	编号	符号名称	1:500　1:1000　1:2000
23	稻田	0.2　3.0　1.0　10.0　10.0	34	加油站	1.6　3.6　1.0
24	常年湖	青湖	35	路灯	2.0　1.6　4.0　1.0
25	池塘	塘　塘	36	独立树 a. 阔叶 b. 针叶 c. 果树 d. 棕榈、椰子、槟榔	a. 1.6　2.0　3.0 b. 1.6　3.0　1.0 c. 1.6　3.0　1.0 d. 2.0　3.0　1.0
26	常年河 a. 水涯线 b. 高水界 c. 流向 d. 潮流向 ← 涨潮 → 落潮	0.15　3.0　1.0　0.5　7.0	37	独立树 棕榈、椰子、槟榔	2.0　3.0　1.0
			38	上水检修井	2.0
27	喷水池	1.0　3.6	39	下水（污水）、雨水检修井	2.0
28	GPS控制点	B14／495.267　3.0	40	下水暗井	2.0
29	三角点 凤凰山—点名 394.468—高程	凤凰山／394.468　3.0	41	煤气、天然气检修井	2.0
			42	热力检修井	2.0
30	导线点 116—等级、点号 84.46—高程	2.0　116／84.46	43	电信检修井 a. 电信人孔 b. 电信手孔	a. 2.0　2.0 b. 2.0
31	埋石图根点 16—点号 84.46—高程	1.6　16／84.46　2.6	44	电力检修井	2.0
			45	地面下的管道	4.0　污　1.0
32	不埋石图根点 25—点号 61.74—高程	1.6　25／62.74	46	围墙 a. 依比例尺的 b. 不依比例尺的	a. 10.0 b. 10.0　0.3　0.6
33	水准点 Ⅱ京石5—等级、点名、点号 32.804—高程	2.0　Ⅱ京石5／32.804	47	挡土墙	1.0　6.0

续上表

编号	符号名称	1:500 1:1000 1:2000	编号	符号名称	1:500 1:1000 1:2000
48	栅栏、栏杆		57	一般高程点及注记 a. 一般高程点 b. 独立性地物的高程	a 0.5・163.0 b ±75.4
49	篱笆				
50	活动篱笆				
51	铁丝网		58	名称说明注记	友谊路 中等线体4.0(18k) 团结路 中等线体3.5(15k) 胜利路 中等线体2.75(12k)
52	通信线地面上的				
53	电线架		59	等高线 a. 首曲线 b. 计曲线 c. 间曲线	
54	配电线地面上的				
55	陡坎 a. 加固的 b. 未加固的		60	等高线注记	25
			61	示坡线	
56	散树、行树 a. 散树 b. 行树		62	梯田坎	56.4 1.2

二、地貌的表示方法

地貌表示地表起伏的形态,如陆地上的山地、平原、河谷、沙丘,海底的大陆架、大陆坡、深海平原、海底山脉等。在地形图上表示地貌的方法有多种,目前最常用的地貌符号是等高线,但对梯田、峭壁、冲沟等特殊的地貌,不便用等高线表示时,可根据《地形图图式》绘制相应的符号。

1. 等高线的概念

等高线的形成和定义:用不同高程而间隔相等的一组水平面 P_1、P_2、P_3 与地表面相截,在各平面上得到相应的截取线,将这些截取线沿着垂直方向正射投影到水平投影面 P 上,便得到表示该地表面的一些闭合曲线,即等高线。图 8-5 所示的就是地面高程为 90m、95m、100m 的等高线,所以等高线就是地面上高程相等的相邻点连接而成的闭合曲线。

表示地物的称地物符号,表示地貌的称地貌符号。

2. 等高线的特性

(1) 位于同一等高线上的地面点,海拔相同。
(2) 在同一幅图内,除了悬崖以外,不同高程的等高线不能相交。

(3) 在图廓内相邻等高线的高差一般是相同的,因此地面坡度与等高线之间的水平距离成反比,相邻等高线水平距离越小,等高线排列越密,说明地面坡度越大;相邻等高线之间的水平距离越大,等高线排列越稀,则说明地面坡度越小。因此等高线能反映地表起伏的势态和地表形态的特征。

(4) 每一条等高线都是闭合的曲线,如果不在本幅图内闭合,则必在其他图幅闭合。

(5) 除在悬崖和绝壁处外,等高线在图上不能相交,也不能重合。

(6) 等高线与山脊线、山谷线成正交。

(7) 等高线不能在图内中断,但遇道路、房屋、河流等地物符号和注记处可以局部中断。

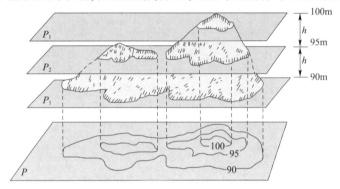

图 8-5 等高线示意图

3. 等高线表示地貌的原理

如图 8-6 所示,设有一座小山立于平静湖水中,湖水淹没到仅见山顶时的水面高程为 100m,此时,水面与山坡就有一条交线,而且是闭合曲线,曲线上各点的高程是相等的,这就是高程为 100m 的等高线。随后水位下降 5m,山坡与水面又有一条交线,这就是高程为 95m 的等高线。把这组实地上高程相等曲线沿铅垂方向投影到水平面上,并按规定的比例尺缩绘到图纸上,就得到与实地形状相似的等高线图。因此,用等高线可以真实地反映地貌的形态和地面的高低起伏情况。

4. 等高线的分类

等高线按其作用不同,分为首曲线、计曲线、间曲线与助曲线四种,如图 8-7 所示。

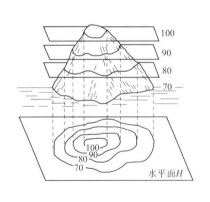

图 8-6 等高线表示地貌的原理

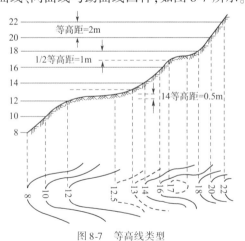

图 8-7 等高线类型

(1)首曲线,又称基本等高线,是按规定的等高距测绘的细实线,用以显示地貌的基本形态。

(2)计曲线,又称加粗等高线,从规定的高程起算面起,每隔5个等高距将首曲线加粗为一条粗实线,并在其上注记高程值。

(3)间曲线,又称半距等高线,是按1/2等高距用细长虚线加绘的等高线,主要用以在个别地区显示首曲线不能显示的某段微型地貌。

(4)助曲线,又称辅助等高线,是按1/4等高距描绘的细短虚线,用以显示间曲线仍不能显示的某段微型地貌。

间曲线和助曲线只用于显示局部地区的地貌,故除显示山顶和凹地各自闭合外,其他一般都不闭合。还有一种与等高线正交、指示斜坡方向的短线称为示坡线,与等高线相连的一端指向上坡方向,另一端指向下坡方向。

5. 等高线的判读

(1)数值大小:

①平原:海拔200m以下。

②丘陵:海拔500m以下,相对高度小于100m。

③山地:海拔500m以上,相对高度大于100m。

④高原:海拔大,相对高度小,等高线在边缘十分密集,而顶部明显稀疏。

(2)疏密程度:

①密集:坡度陡。

②稀疏:坡度缓。

(3)形状特征:

①山顶:等高线闭合,且数值从中心向四周逐渐降低。

②盆地或洼地:等高线闭合,且数值从中心向四周逐渐升高(如果没有数值注记,可根据示坡线来判断:示坡线为垂直于等高线的短线)。

③山脊:等高线凸出部分指向海拔较低处,等高线从高往低突,就是山脊;山谷:等高线凸出部分指向海拔较高处,等高线从低往高突,就是山谷;鞍部:正对的两山脊或山谷等高线之间的空白部分。

④缓坡与陡坡及陡崖:等高线重合处为悬崖;等高线越密集处,地形越陡峭;等高线越稀疏处,坡度越舒缓。

6. 典型地貌的等高线

地貌的形态一般可归纳为下列几种基本形状。图8-8是某地区综合地貌示意图及其对应的等高线图。

(1)山脊和山谷:山脊是沿着一定方向延伸的高地,其最高棱线称为山脊线,又称分水线,图8-9所示山脊的等高线是一组向低处凸出为特征的曲线。山谷是沿着一方向延伸的两个山脊之间的凹地,贯穿山谷最低点的连线称为山谷线,又称集水线,山谷的等高线是一组向高处凸出为特征的曲线。山脊线和山谷线是显示地貌基本轮廓的线,统称为地性线,它在测图和用图中都有重要作用。

(2)鞍部:鞍部是相邻两山头之间低凹部位呈马鞍形的地貌,如图8-9所示。两个山脊与两个山谷的会合处,等高线由一对山脊和一对山谷的等高线组成,俗称坳口。

(3)陡崖和悬崖:陡崖是坡度在 70°以上的陡峭崖壁。悬崖是上部突出中间凹进的地貌,这种地貌等高线如图 8-8 所示。

(4)冲沟:冲沟又称雨裂,如图 8-8 所示,它是具有陡峭边坡的深沟,由于边坡陡峭而不规则,所以用锯齿形符号来表示。

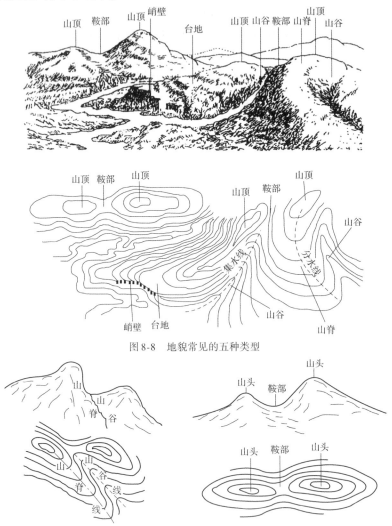

图 8-8 地貌常见的五种类型

图 8-9 山脊线与山谷线

地貌的形状虽然千差万别,但都能找到一些反映其特征的点,如:山顶最高点、盆地最低点、鞍部点、谷口点、山脚点、坡度变换点等,这些都称为地貌特征点。在地形图测绘中,立尺点就应选择在这些地貌特征点上。

7. 等高距和等高线平距

相邻等高线之间的高差称为等高距,常用 h 表示。在同一幅地形图上,等高距 h 是相等的。相邻等高线之间的水平距离称为等高线平距,常以 d 表示。h 与 d 的比值就是地面坡度 i,即:

$$i = \frac{h}{d \cdot M} \tag{8-3}$$

式中：h——等高距；

d——等高线平距；

M——比例尺分母；

i——坡度，一般以百分数表示，上坡为正、下坡为负。

用等高线表示地貌时，等高距越小，显示地貌就越详细；等高距越大，显示地貌就越简略。但等高距过小，会导致等高线过于密集，从而影响图面的清晰度。因此，在测绘地形图时，应根据测图比例尺与测区地形情况来选择合适的等高距，见表8-4，这个等高距称基本等高距。等高距选定后，等高线的高程必须是基本等高距的整倍数，而不能用任意高程。

大比例尺测图用基本等高距(m)　　　　表8-4

比例尺	地面倾斜角			
	平原(0°~2°)	丘陵(2°~6°)	山地(6°~25°)	高山(25°以上)
1:5000	2.0	5.0	5.0	5.0
1:2000	1.0(0.5)	1.0	2.0(2.5)	2.0(2.5)
1:1000	0.5(1.0)	1.0	1.0	2.0
1:500	0.5	1.0(0.5)	1.0	1.0

任务三　地形图测绘

一、地形图的绘制

1. 地物的绘制

描绘的地形图要按图式规定的符号表示地物。依比例描绘的房屋轮廓要用直线连接，道路、河流的弯曲部分要逐点连成光滑的曲线。不依比例描绘的地物，需按规定的非比例符号表示。

2. 等高线勾绘

由于等高线表示的地面高程均为等高距 h 的整倍数，因而需要在两碎部点之间内插以 h 为间隔的等高点。内插是在同坡段上进行。下面介绍两种常见方法。

1) 目估法

在实际工作中，等高线的勾绘是根据高差与平距成正比，按照相似三角形的原理结合实际地形用目估法内插等高线通过的位置，其原则是"取头定尾,中间等分"。即先确定两头等高线通过的位置，再等分中间等高线通过的位置。如目估不合理，可重新调整。此法简单、迅速，特别适合野外作业，但需反复练习方能熟练掌握。

按照上述方法将各地性线上的通过点全部确定后(图8-10)，即可描绘等高线。图8-11就是根据特征点高程，用目估法求得等高线通过点后所勾绘的等高线。

2) 图解法

绘一张等间隔若干条平行线的透明纸，蒙在勾绘等高线的图上，转动透明纸，使 a、b 两点分别位于平行线间的 0.9 和 0.5 的位置上，如图8-12所示，则直线 ab 和五条平行线的交点,便是高程为44m、45m、46m、47m及48m的等高线位置。

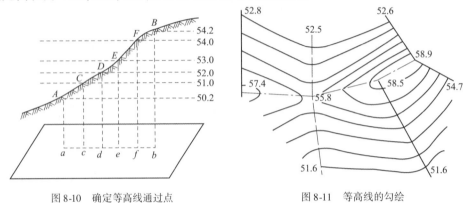

图8-10 确定等高线通过点　　　　图8-11 等高线的勾绘

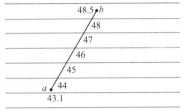

图8-12 图解法内插等高线

二、地形图的拼接、整饰和检查

在大区域内测图,地形图是分幅测绘的。为了保证相邻图幅的互相拼接,每一幅图的四边,要测出图廓外5mm。测完图后,还需要对图幅进行拼接,检查与整饰,方能获得符合要求的地形图。

1. 地形图的检查

1) 室内检查

主要检查观测和计算手簿的记载是否齐全、清楚和正确;计算过程有无错误;各项限差是否符合规定;图上地物、地貌是否真实、清晰,各种符号的运用、名称注记等是否符合规定;等高线与地貌特征点的高程有无矛盾或可疑的地方;相邻图幅的接边有无问题等。如发现错误或疑点,应到野外进行实地检查后再确定是否修改。

2) 外业检查

首先进行巡视检查,根据室内检查的重点,按预定的巡视路线,进行实地对照查看。主要查看原图的地物、地貌有无遗漏;勾绘的等高线是否符合实际情况,符号、注记是否正确等。

3) 设站检查

除对在室内检查和巡视检查过程中发现的重点错误和遗漏进行补测和更正外,对一些怀疑点,地物、地貌复杂地区,图幅的四角或中心地区,也需抽样设站检查,一般为10%左右。

2. 地形图的拼接

每幅图施测完,并进行检查后,需要对原图进行拼接。在相邻图幅的连接处,由于测量误差的影响,无论是地物或地貌,往往都会出现接边差。如相邻图幅地物和等高线的偏差,不超过规定的$2\sqrt{2}$倍时,两幅图才可以进行拼接;通常用宽5~6cm的透明纸蒙在左图幅的接图边上,用铅笔把坐标格网线、地物、地貌描绘在透明纸上,然后再把透明纸按坐标格网线位置蒙在右图幅衔接边上,同样用铅笔描绘地物、地貌。若接边差在限差内,则在透明纸上用彩色笔平均配赋,并将纠正后的地物地貌分别刺在相邻图边上,以此修正图内的地物、地貌(图8-13)。

3. 地形图的整饰

当原图经过拼接和检查后,要进行清绘和整饰,使图面更加合理、清晰、美观。整饰应遵循先图内后图外,先地物后地貌,先注记后符号的原则进行。工作顺序为:内图廓→坐标格网、控制点、地形点符号及高程注记→独立物体及各种名称、数字的绘注→居民地等建筑物→各种线路、水系等→植被与地类界→等高线及各种地貌符号等。图外的整饰包括外图廓线、坐标网、经纬度、接图表、图名、图号、比例尺、坐标系统及高程系统、施测单位、测绘者及施测日期等。图上地物以及等高线的线条粗细、注记字体大小均按规定的图式进行绘制。

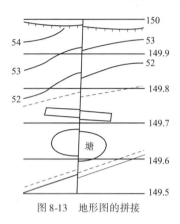

图8-13 地形图的拼接

具体做法是擦去多余的线条,如坐标格网线,只保留交点处纵横1.0cm的"+"字;靠近内图廓保留0.5cm的短线,擦去用实线和虚线表示的地性线,擦去多余的碎部点,只保留制高点、河岸重要的转折点、道路交叉点等重要的碎部点。

现代测绘部门大多已采用计算机绘图工序,经外业测绘的地形图,只需用铅笔完成清绘,然后用扫描仪使地图矢量化,便可通过AutoCAD等绘图软件进行地形图的机助绘制。

任务四　全站仪数字化测图

利用全站仪能同时测定距离、角度、高差,提供待测点三维坐标,将仪器野外采集的数据,结合计算机、绘图仪以及相应软件,就可以实现自动化测图。

一、全站仪测图模式

结合不同的电子设备,全站仪数字化测图主要有图8-14所示三种模式。

图8-14 全站仪数字化测图模式

1. 全站仪结合电子平板模式

该模式是以便携式电脑作为电子平板,通过通信线直接与全站仪通信、记录数据,实时成图。因此,它具有图形直观、准确性强、操作简单等优点,即使在地形复杂地区,也可现场测绘成图,避免野外绘制草图。目前这种模式的开发与研究相对比较完善,由于便携式电脑性能和测绘人员综合素质不断提高,因此它符合今后的发展趋势。

2. 直接利用全站仪内存模式

该模式使用全站仪内存或自带记忆卡,把野外测得的数据,通过一定的编码方式,直接记录,同时野外现场绘制复杂地形草图,供室内成图时参考对照。因此,它操作过程简单,无需附带其他电子设备;对野外观测数据直接存储,纠错能力强,可进行内业纠错处理。随着全站仪存储能力的不断增强,此方法进行小面积地形测量时,具有一定的灵活性。

3. 全站仪加电子手簿或高性能掌上电脑模式

该模式通过通信线将全站仪与电子手簿或掌上电脑相连,把测量数据记录在电子手簿或便携式电脑上,同时可以进行一些简单的属性操作,并绘制现场草图。内业时把数据传输到计算机中,进行成图处理。它携带方便,掌上电脑采用图形界面交互系统,可以对测量数据进行简单的编辑,减少了内业工作量。随着掌上电脑处理能力的不断增强,科技人员正进行针对全站仪的掌上电脑二次开发工作,此方法会在实践中进一步完善。

二、全站仪数字测图过程

全站仪数字化测图,主要分为准备工作、数据获取、数据输入、数据处理、数据输出五个阶段。在准备工作阶段,包括资料准备、控制测量、测图准备等,与传统地形测图一样,在此不再赘述,现以实际生产中普遍采用的全站仪加电子手簿测图模式为例,从数据采集到成图输出介绍全站仪数字化测图的基本过程。

1. 野外碎部点采集

一般用"解算法"进行碎部点测量采集,用电子手簿记录三维坐标(x,y,H)既要记录测站参数、距离、水平角和竖直角的碎部点位置信息,还要记录编码、点号、连接点和连接线型四种信息,在采集碎部点时要及时绘制观测草图。

2. 数据传输

用数据通信线连接电子手簿和计算机,把野外观测数据传输到计算机中,每次观测的数据要及时传输,避免数据丢失。

3. 数据处理

数据处理包括数据转换和数据计算。数据处理是对野外采集的数据进行预处理,检查可能出现的各种错误;把野外采集到的数据编码,使测量数据转化成绘图系统所需的编码格式。数据计算是针对地貌关系的,当测量数据输入计算机后,生成平面图形、建立图形文件、绘制等高线。

4. 图形处理与成图输出

编辑、整理经数据处理后所生成的图形数据文件,对照外业草图,修改整饰新生成的地形图,补测重测存在漏测或测错的地方。然后加注高程、注记等,进行图幅整饰,最后成图输出。

三、数据编码

野外数据采集,仅测定碎部点的位置并不能满足计算机自动成图的需要,必须将所测地物点的连接关系和地物类别(或地物属性)等绘图信息记录下来,并按一定的编码格式记录数据。编码按照《1:500、1:1000、1:2000 地形图要素分类与代码》(GB/T 20257.2—2006)进行,地形信息的编码由 4 部分组成:大类码、小类码、一级代码、二级代码,分别用 1 位十进制数字顺序排列。第一大类码是测量控制点,又分平面控制点、高程控制点、GNSS 点和其他控制点四个小类码,编码分别为 11、12、13 和 14。小类码又分若干一级代码,一级代码又分若干二级代码。如小三角点是第 3 个一级代码,5 秒小三角点是第 1 个二级代码,则小三角点的编码是 113,5 秒小三角点的编码是 1132。

野外观测,除要记录测站参数、距离、水平角和竖直角等观测量外,还要记录地物点连接关系信息编码。现以一条小路为例(图 8-15),说明野外记录的方法。记录格式见表 8-5,表中连接点是与观测点相连接的点号,连接线型是测点与连接点之间的连线形式,有直线、曲线、圆弧和独立点四种形式,分别用 1、2、3 和空为代码,小路的编码为 443,点号同时也代表测量碎部点的顺序,表中略去了观测值。

图 8-15 野外观测线路

野外数据采集记录 表 8-5

单 元	点 号	编 号	连 接 点	连 接 线 型
第一单元	1	443	1	
	2	443		2
	3	443		
	4	443		
第二单元	5	443	5	
	6	443		-2
	7	443	-4	
第三单元	8	443	5	1

目前开发的测图软件一般是根据自身特点的需要、作业习惯、仪器设备和数据处理方法制定自己的编码规则。利用全站仪进行野外测设时,编码一般由地物代码和连接关系的简单符号组成。如代码 F0、F1、F2 分别表示特种房、普通房、简单房(F 字为"房"的第一拼音字母,以下类同),H1、H2 表示第一条河流、第二条河流的点位。

任务五　地形图的应用

一、应用地形图解决的几个基本问题

1. 在图上确定某点坐标

如图 8-16 所示,欲求图上 A 点的坐标,可先从该图幅的图廓坐标格网中读出,该图始点坐标为:$x'_0 = 5000\text{m}$,$y'_0 = 1000\text{m}$。首先找出 A 所在的小方格,读出 A 所在方格的左下坐标为面 $x'_0 = 5200\text{m}$,$y'_0 = 1200\text{m}$,然后通过 A 在地形图的坐标格网上作平行于坐标格网的平行线 ab、ca 再量取 aA 和 cA 的长度,则 A 点的平面坐标为:

$$x_A = x'_0 + cA \cdot M \quad Y_A = y'_0 + aA \cdot M \tag{8-4}$$

式中:M——比例尺分母。

由于图纸的伸缩,以及在图上量测长度时存在一定的误差,为了提高坐标量算的精度则

A 的坐标应按下式计算：

$$x_A = x'_0 + \frac{l}{cd}cA \cdot M$$

$$y_A = y'_0 + \frac{l}{ab}cA \cdot M$$

(8-5)

式中： l——坐标格网边长；

ab、cd、cA——图上量取的长度，cm，精确至 0.1mm。

一般认为，图解精度为图上 0.1cm，所以图解坐标精度不会高于 0.1m（单位为 mm）。

例如，在图 8-16 中，根据比例尺量出 $aA = 80.4$m，$cA = 135.2$m，$ab = 200.2$m，$cd = 200.4$m。已知坐标格网边长名义长度，$l = 200$m，根据式(8-5)，可得 A 点的坐标：

$$x_A = 5200 + \frac{200}{200.4} \times 135.2 = 5334.9(\text{m})$$

$$y_A = 1200 + \frac{200}{200.2} \times 80.4 = 1280.3(\text{m})$$

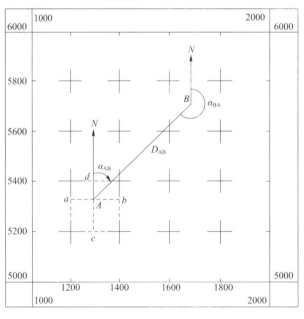

图 8-16 确定点的平面坐标

2. 确定直线的距离、方向、坡度

如图 8-16 所示，欲求 A、B 两点的距离，先用式(8-5)求出 A、B 两点的坐标，则 A、B 两点的距离为：

$$D_{AB} = \sqrt{(y_B - y_A)^2 + (x_B - x_A)^2}$$

(8-6)

A、B 直线的坡度为：

$$i = \frac{H_B - H_A}{D_{AB}}$$

(8-7)

A、B 直线的坐标方位角为：

$$\alpha_{AB} = \arctan\left(\frac{y_B - y_A}{x_B - x_A}\right) \tag{8-8}$$

3. 在图上确定等坡度线

在山区或丘陵地区进行线路、管线等工程的设计时,为了减小工程量,往往需要考虑路线纵坡的限制,这就要求在不超过某一坡度 i 的前提下选择一条最短的线路,如图 8-17 所示,地形图的比例尺为 1∶500,等高距 $h = 1\mathrm{m}$,要求从 C 点到 D 点选定一条路线,限定坡度为 4%。具体做法如下:

(1) 求坡度不超过 4% 时,路线通过相邻等高线的最短距离 d 为:

$$d = 1/(0.04 \times 500) = 0.05(\mathrm{m})$$

(2) 用两脚规截取长度衫,以 C 点为圆心,衫为半径作圆弧,交 49m 等高线于 1 点;再以 1 点为圆心、以 d 为半径作圆弧,交 50m 等高线于 2 点;依此进行,直至 D 点。连接各相邻点,便得到坡度为 4% 的路线。用同样的方法可以在图上确定多个路线,在设计中应通过技术、经济比较,选定一条最佳路线方案。当相邻等高线间平距大于 d 时,则说明地面坡度小于规定坡度,路线走向可按地形实际情况和设计要求确定。

4. 根据地形图绘制断面图

在进行道路等工程设计时,为了合理地设计线路的填挖土石方,或是为了考虑线路的竖曲线是否合理等问题,就需要对线路上地面的高低起伏情况有所了解,因此需要绘制断面图,如图 8-18 所示,根据 AB 与各等高线的交点的高程和平距绘制纵断面图。具体做法是:

(1) 在毫米方格纸上绘出两条互相垂直的轴线,以横轴表示水平距离,以纵轴表示高程,并在纵坐标轴上注记高程。为了能明显地反映出地面的起伏状况,高程比例尺要比水平距离比例尺大 10~20 倍。

(2) 连接 A、B 直线与各等高线相交,量取 A 点至各交点的距离,转绘到横坐标轴上,定出各点在横坐标轴上的位置。

(3) 自横坐标轴上的各点作垂线,并以相应的高程定各交点在断面上的位置。

(4) 用光滑曲线连接各相邻点,即得仙方向的断面图。

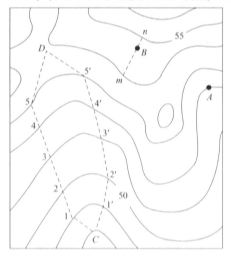

图 8-17 在图上确定等坡度线

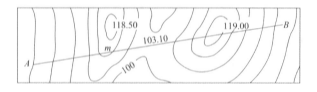

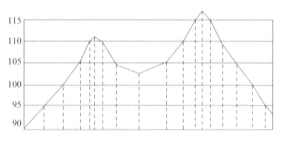

图 8-18 绘制纵断面图

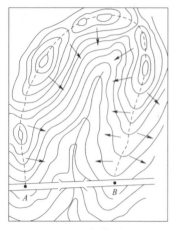

图 8-19　确定汇水面积

确定汇水面积：在公路、桥梁、涵洞设计时，必须通过计算河流或沟谷的水流量来确定桥涵孔径的大小。而水流量的大小是通过汇水面积来计算的，汇水面积是指地面上某一区域内的雨水汇集于河谷并流经某一指定断面的面积，它是通过一系列分水线的界线而求得。如图 8-19 所示，沿山脊线通过鞍部用虚线连起来，即得到通过桥涵 A 的汇水范围。

利用地形图实地定向：已知站立点及周围某个明显目标在图上的位置，或站立点正好位于某直线形地物（如道路、河岸边）上时，可将地形图放平，用三棱尺与图上的站立点和目标点的连线相切，转动图纸，通过三棱尺瞄准实地目标即可。

在实际工作中，有时只需将地形图方向大致摆正作概略定向，可将两手握住图的东西边，使地形图北边朝前，转动身体面向北方；或选择某一明显目标，转动图纸，使图上目标与实地相应点大致对准即完成概略定向。

习　题

1. 表示地物的符号有哪几种？举例说明何为比例符号、非比例符号和半比例符号？
2. 什么是等高线？等高线有哪些特点？何为山脊线和山谷线？
3. 何为等高距、等高线平距和地面坡度？它们三者之间的关系如何？
4. 如何有效合理地选择地物和地貌的特征点？
5. 什么是数字化测图，包括哪些主要内容？数字测图与传统测图方法相比，有何异同？
6. 如何在地形图上确定直线的距离、方向和坡度？

项目九 道路中线测量

知识目标

1. 掌握道路中线表达方法。
2. 了解选(定)线测量的方法和步骤。
3. 掌握道路中线线型组成。
4. 掌握直线、圆曲线、缓和曲线的测设方法。
5. 了解困难地区道路中线的测设方法。
6. 了解道路中线常见曲线。

能力目标

1. 能实施道路中线里程桩的设置。
2. 能查阅《标准》和《规范》,确定相关道路中线的技术指标。
3. 能实施道路中线测设的数据准备及测设工作。
4. 理解道路中线的线形。

重点 道路中线的测设。
难点 带缓和曲线的平曲线的坐标计算。

任务一 道路中线的表达

一、公路里程桩的设置

为了确定路线中线的具体位置和路线的长度,满足后续纵、横断面测量的需要,中线测量中必须从路线的起点开始每隔一段距离钉设木桩标志,其桩点表示路线中线的具体位置。

桩的正面写有桩号,背面写有编号。桩号表示该桩点至路线起点的里程数。如某桩点距路线起点的里程为 2456.257m,则桩号记为 K2+456.257。编号是反映桩间的排列顺序,以 0~9 为一组,循环进行。该桩通常称为里程桩,里程桩又称中桩。

二、里程桩的类型

里程桩可分为整桩和加桩两种。

1. 整桩

在公路中线中的直线段上和曲线段上,其桩距按表 9-1 的要求桩距而设的桩称为整桩。

它的里程桩号均为整数,且为要求桩距的整倍数。在实测过程中,一般宜采用20m或50m及其倍数。当量距每至百米及千米时,要钉设百米桩及千米桩。

中桩间距(单位:m)　　　　　　　　　　　　表9-1

直 线 段		曲 线 段			
平原微丘区	山岭重丘区	不设超高的曲线	$R>60$	$30<R<60$	$R<30$
≤50	≤25	25	20	10	5

注:表中的R为曲线半径,以m计。

2. 加桩

加桩又分为地形加桩、地物加桩、曲线加桩、地质加桩、断链加桩和行政区域加桩等。

(1)地形加桩:沿路线中线在地面起伏突变处,横向坡度变化处以及天然河沟处等均应设置的里程桩。

(2)地物加桩:沿路线中线在有人工构造物处(如拟建桥梁、涵洞、隧道、挡土墙等构造物处;路线与其他公路、铁路、渠道、高压线、地下管道等交叉处、拆迁建筑物处、占用耕地及经济林的起终点处)均应设置的里程桩。

(3)曲线加桩:曲线上设置的起点、中点、终点桩。

(4)地质加桩:沿路线在土质变化处及地质不良地段的起、终点处要设置的里程桩。

(5)断链加桩:由于局部改线或事后发现距离错误或分段测量中由于假设起点里程等原因,致使路线的里程不连续,桩号与路线的实际里程不一致,这种现象称为"断链",为说明该情况而设置的桩,称为断链加桩。测量中应尽量避免出现"断链"现象。

(6)行政区域加桩:在省、地(市)、县级行政区分界处应加的桩。

(7)改建路加桩:在改建公路的变坡点、构造物和路面面层类型变化处应加的桩。加桩应取位至米,特殊情况下可取位至0.1m。

三、里程桩的书写及钉设

对于中线控制桩,如路线起、终点桩、千米桩、交点桩、转点桩、大中桥位桩以及隧道起终点等重要桩,一般采用尺寸为5cm×5cm×30cm的方桩;其余里程桩一般多用(1.5~2)cm×5cm×25cm的板桩。

1. 里程桩的书写

所有中桩均应写明桩号和编号,在桩号书写时,除百米桩、千米桩和桥位桩要写明千米数外,其余桩可不写。另外,对于交点桩、转点桩及曲线基本桩还应在桩号之前标明桩名(一般标其缩写名称)。目前,我国公路工程上桩名采用汉语拼音的缩写名称,见表9-2。

路线主要标志桩名称表　　　　　　　　　　　　表9-2

标志桩名称	简 称	汉语拼音缩写	英文缩写	标志桩名称	简 称	汉语拼音缩写	英文缩写
转角点	交点	JD	IP	公切点	—	GQ	CP
转点	—	ZD	TP	第一缓和曲线起点	直缓点	ZH	TS
圆曲线起点	直圆点	ZY	BC	第一缓和曲线终点	缓圆点	HY	SC

续上表

标志桩名称	简　称	汉语拼音缩写	英文缩写	标志桩名称	简　称	汉语拼音缩写	英文缩写
圆曲线中点	曲中点	QZ	MC	第二缓和曲线起点	圆缓点	YH	CS
圆曲线终点	圆直点	YZ	EC	第二缓和曲线终点	缓直点	HZ	ST

为了便于后续工作找桩和避免漏桩起见,所有中桩都应在桩的背面编写编号,以 0~9 为一组,循环进行排列。桩志一般用红色油漆或记号笔书写(在干旱地区或马上施工的路线也可用墨汁书写),书写字迹应工整醒目,一般应写在桩顶以下 5cm 范围内,否则将被埋于地面以下无法判别里程桩号。

2. 里程桩的钉桩

新线桩志打桩,不要露出地面太高,一般以 5cm 左右能露出桩号为宜。钉设时将桩号面向路线起点方向,使编号朝向前进方向,如图 9-1 所示。为便于对点,桩顶需钉一小铁钉。改建桩志位于旧路上时,由于路面坚硬,不宜采用木桩,此时常采用大帽钢钉。钉桩时一律打桩至与地面齐平,然后在路旁一侧打上指示桩,桩上注明距中线的横向距离及其桩号,并以箭头指示中桩位置。在直线上,指示桩应钉在路线的同一侧;交点桩的指示桩应钉在圆心和交点连线方向的外侧,字面朝向交点;曲线主点桩的指示桩均应钉在曲线的外侧,字面朝向圆心。

遇到岩石地段无法钉桩时,应在岩石上凿刻"⊕"标记,表示桩位并在其旁边写明桩号、编号等。在潮湿地区,特别是近期不施工的路线,对重要桩位(如路线起点和终点、交点、转点等),可改埋混凝土桩,以利于桩的长期保存。

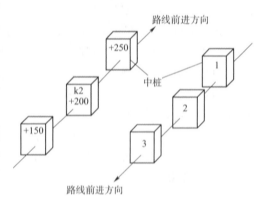

图 9-1　桩号与编号方向

任务二　选(定)线测量

传统公路中线的测设工作其主要任务是:标定直线与修定点位;测角与转角计算;平曲线要素计算;钉设平曲线中点方向桩;观测导线磁方位角并进行复核;视距测量;路线主要桩位固定等。

为确保路线质量加快测设进度,定线、测角应紧密配合相互协作。作为后续作业的测角工作,应善于体会选线意图,发现问题及时予以修正补充,使之不断完善。

一、标定直线与修正点位

对于相互通视的交点,如果定线测量无误,根本不存在点位修正问题,一般可以直接引用。但是当交点间相距较远或地形起伏较大,通过陡坎深沟时,为了便于中桩组穿杆定向,测角组应负责用经纬仪在其间酌情插设若干个导向桩,供中桩穿线使用。

对于中间有障碍、互不通视的交点,虽然交点间定线时已设立了控制直线方向的转点桩。但由于选线大多采用花杆目测穿直线,所以实际上未必严格在一条直线上,因此就存在用经纬仪检查与标定直线或修正交点桩位的问题。在一般情况下,常将后视交点和中间转点作为固定点(因上述点位一旦变动,将直接影响后视点位转角,导致测量返工),安置仪器于转点处,采用正倒镜分中法进行检查;如发现问题应查明原因,及时改正。

二、路线右角的测定与转角的计算

按路线的前进方向,以路线中心线为界,在路线右侧的水平角称为右角,通常以 β 表示,如图9-2中所示的 β_5、β_6。在中线测量中,一般是采用测回法测定。

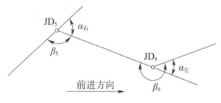

图9-2 路线的右角和转角

上、下两个半测回所测角度值的闭合差视公路等级而定:高速公路、一级公路限差为 $\pm 20''$,满足要求取平均值,取位至 $1''$;二级及二级以下的公路限差为 $\pm 60''$,满足要求取平均值,取位至 $30''$(即 $10''$舍去,$20''$、$30''$、$40''$取为 $30''$,$50''$进为 1)。

转角的计算:所谓转角是指路线由一个方向偏转为另一个方向时,偏转后的方向与原方向的夹角,通常以 α 表示,如图9-2所示。转角有左转、右转之分,按路线前进方向,偏转后的方向在原方向的左侧称为左转角,通常以 $\alpha_{左}$(或 α_Z)表示;反之为右转角,通常以 $\alpha_{右}$(或 α_Y)表示。转角是在路线转向处设置平曲线的必要元素,通常是通过测定路线前进方向的右角 β 后,经计算而得到。

当右角 β 测定以后,根据 β 值计算路线交点处的转角 α。当 $\beta < 180°$时为右转角(路线向右转);当 $\beta > 180°$时为左转角(路线向左转)。左转角和右转角按下式计算:

若 $\beta > 180°$,则:

$$\alpha_{左} = \beta - 180°$$

若 $\beta < 180°$,则:

$$\alpha_{右} = 180° - \beta$$

三、曲线中点方向桩的钉设

为便于中桩组敷设平曲线中点桩,测角组在测角的同时,需将曲线中点方向桩(亦即分角线方向桩)钉设出来,如图9-3所示。分角线方向桩离交点距离应尽量大于曲线外距,以利于定向插点。一般转角越大,外距也越大,这样分角桩就应设置得远一点。

用经纬仪定分角线方向,首先就要计算出分角线方向的水平度盘读数,通常这项工作是紧跟测角之后在测角读数的基础上进行的(即保持水平度盘位置不变),根据测得右角的前后视读数,按下式即可计算出分角线方向的读数:

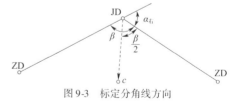

图9-3 标定分角线方向

$$\text{分角线方向的水平度盘读数} = \frac{1}{2}(\text{前视读数} + \text{后视读数})$$

有了分角线方向的水平度盘读数,即可按拨角法定分角线方向,拨角方法是转动照准部使水平度盘读数为这一读数,此时望远镜照准的方向即为分角线方向(有时望远镜会指向相反方向,这时需倒转望远镜,在设置曲线的一侧,定出分角线方向)。沿视线指向插杆钉桩即为曲线中点方向桩。

四、视距测量

观测视距的目的,是用视距法测出相邻交点间的直线距离,以便提交给中桩测量组,供其与实际丈量距离进行校核。

视距测量的方法通常有两种:一种是利用测距仪或全站仪测量,这种方法是于交点和相邻交点(或转点)上分别安置棱镜和仪器,采用仪器的距离测量功能,从读数屏可直接读出两点间平距;另一种是利用经纬仪标尺测量,它是于交点和相邻交点(或转点)上分别安置经纬仪和标尺(水准尺或塔尺),采用视距测量的方法计算两点间平距。这里尤其应指出的是,用测距仪或全站仪测得的平距可用来计算交点桩号,而用经纬仪所测得的平距,只能用作参考来校核在中线测设中有无丢链现象(校核链距)。

当交点间距离较远时,为了保证测量精度,可在中间加点采取分段测距方法。

五、磁方位角观测与计算方位角校核

观测磁方位角的目的,是为了校核测角组测角的精度和展绘平面导线图时检查展线的精度。路线测量规定,每天作业开始与结束须观测磁方位角,至少各一次,以便与根据观测值推算方位角校核,其误差不得超过 2°,若超过规定,必须查明发生误差的原因,并及时予以纠正。若符合要求,则可继续观测。

磁方位角通常用森林罗盘仪观测,也可用附有指北装置的仪器直接观测。

六、路线控制桩位固定

为便于以后施工时恢复路线及放样,对于中线控制桩,如路线起点和终点桩、交点桩、转点桩、大中桥位桩以及隧道起终点桩等重要桩志,均须妥善固定和保护,以防止丢失和破坏。为此应主动与当地政府联系协商保护桩志措施,并积极向当地群众宣传保护测量桩志的重要性,协助共同维护好桩志。

桩志固定方法应因地制宜地采取埋土堆、垒石堆、设护桩等形式加以固定。在荒坡上也可采取挖平台方法固定。埋土堆、垒石堆顶面为 40cm×40cm 方形或直径为 40cm 圆形,高50cm。堆顶应钉设标志桩。

为控制桩位,除采取固定措施外,还应设护桩(又称"栓桩")。护桩方法很多。如距离交会法、方向交会法、导线延长法等,具体采用什么方法应根据实际情况灵活掌握。公路工程测量通常多采用距离交会法定位。护桩一般设三个,护桩间夹角不宜小于60°,以减小交会误差,如图9-4所示。

护桩应尽可能利用附近固定的地物点,如房基墙角、电杆、树木、岩石等设置。如无此条件可埋混凝土桩或钉设大木桩。护桩位置的选择,应考虑不致为日后施工或车辆行人所毁坏。

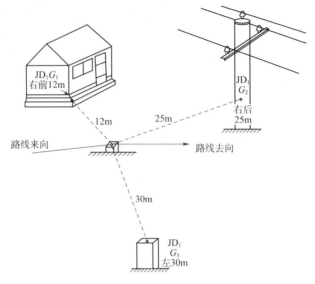

图 9-4　距离交会法护桩

在护桩或在作为控制的地物上用红油漆画出标记和方向箭头,写明所控制的固定桩志名称、编号,以及距桩志的斜向距离,并绘出示意草图,记录在手簿上,供日后编制"路线固定桩一览表"。

七、放点穿线法

在绘有初测导线和纸上定线资料的带状地形图上,按每条直线至少三个点的要求,选择若干直线上的控制点作为转点(ZD),这些点应尽可能选在地势较高,测设方便的地方,且相邻两点即要相互通视,其间距又要尽可能远。

如图 9-5 所示,过 C14 作直线垂直于 C14-C15,与直线 JD4-JD5 相交得转点 ZD4-1,量出两点之间的水平距离 33.9m(称为"支距"),标注在图纸上,同样方法可得到 ZD4-2、ZD4-3 和 JD5-JD6 直线上的转点 ZD5-1、ZD5-2、ZD5-3 等各点的支距,从而确定了这些直线控制点与导线点之间的关系,为下一步测设准备好资料。当然,直线控制点相对于导线点的位置也可以用极坐标关系或其他方式描述,例如图 9-5 中 ZD4-4 在导线与直线相交的点上,在图上量出它到导线点 C17 的距离(66.5m)即可确定其位置。

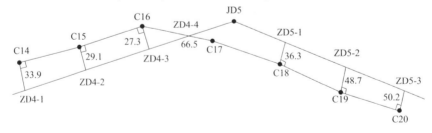

图 9-5　支距法放线示意图

1. 放点

放线资料经检核无误并绘制好放点图后,即可进行现场放点。

先将经纬仪安置在初测导线点 C14 上,后视 C15,用正倒镜分中法拨 90°角,定出

C14-ZD4-1方向,再沿此方向测设水平距离33.9m,标定出ZD4-1,用同样的方法可测设出其余直线控制点。

2. 穿线

由于各转点分别是在导线点C14～C20上安置仪器,后视另一控制点,然后拨直角、测设一段水平距离测设的,在准备放线资料时就有较大的量角、量距误差,因此这些点测设出来后必然有较大的误差,必须经过调整,使同一条直线的控制点处在同一直线上。这项工作称为穿线。

穿线的方法有两种:

(1)将仪器安置在一个转点上,照准该直线上最远的一个转点,由远到近逐一检查中间各转点的偏差,如果偏差不大,说明各点位置的测设没有错误,只需将各点调整到视线方向上。如果某个点偏差很大,说明该点的设置有错误,应检查原因予以纠正。

(2)将仪器安置在一个转点附近,先调整视线方向,使同一直线上的所有点都在仪器视线方向附近,则该直线就可作为直线段的方向,然后将各转点调整到仪器正倒镜所指的方向上。

3. 交点

将相邻两直线延长,在地面上测设出交点(JD)的位置,这项工作称为交点。

交点时首先要延长相邻直线。为了消除视准轴误差、横轴误差等仪器误差的影响,提高测设精度,通常采用正倒镜分中的方法延长直线。如图9-6所示,为延长AB直线,将经纬仪安置在B点,先用盘左(正镜)照准A点,纵转望远镜后在视线方向定出一点C1,再用盘右(倒镜)照准A点,纵转望远镜后在视线方向定出另一点C2,如果C1和C2不重合,取两点连线的中点C为AB延长线上的点。

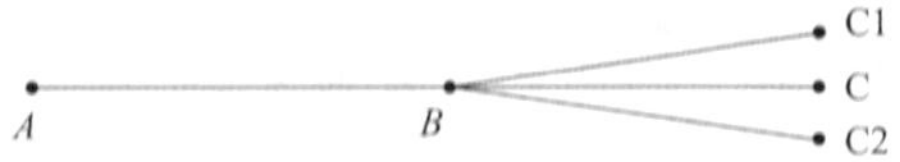

图9-6 正倒镜延长直线示意图

延长直线时,前后视距离不应相差过大,尤其是后视距离不应过短,每延长100m直线,正倒镜测设的两点相距应不大于5mm,且最大应不大于20mm。

如果交点不便测设,也可测设副交点(见第5章)。

支距法放线工序较多,但由于各点都是独立测设的,不会导致误差积累过大。

八、拨角法放线

根据纸上定线的交点坐标,通过坐标反算计算出相邻交点的水平距离和相邻直线的转向角,然后在现场根据已有的交点位置,测设相应的转向角和水平距离,将各段直线测设在地面上。现举例说明拨角法放线的步骤与方法。

【例9-1】 纸上定线的交点与初测导线点的位置关系如图9-7所示,C1、C2……为初测导线点,JD1,JD2,……为纸上定线的交点,计算拨角法放线的放线资料,进行联测检核,并进行调整。

计算放线资料:在初测导线坐标计算表中查得各导线点坐标,从地形图上量算各交点坐标,将各点坐标列入放线资料计算表(表9-3)中,按坐标反算公式计算出每条直线的边长和坐标方位角,再根据相邻直线的坐标方位角 α,用前视方位角减后视方位角可计算出拨角值 β,再用拨角值 β 减180°可计算出线路转向角 θ,其值为正时转向角为右转,反之为左转。

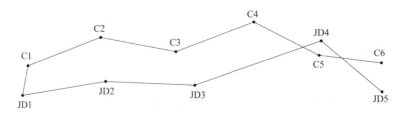

图 9-7 拨角法放线图

放线资料计算表　　　　　　　　　　表 9-3

点号	坐标		坐标增量		距离 S	方位角 α	拨角值 β	转向角 θ
	x(m)	y(m)	Δx(m)	Δy(m)	(m)	(°′″)	(°′″)	(°′″)
C2						235 18 30		
C1	16263	54311				198 26 06	143 07 36	(左) 36 52 24
			−138	−46	145.46			
JD1	16125	54265				74 05 49	55 39 43	(左) 124 20 17
			+153	+537	558.37			
JD2	16278	54802				81 18 29	187 12 40	(右) 7 12 40
			+85	+556	562.46			
JD3	16363	55358				71 53 10	170 34 41	(左) 9 25 19
			+228	+697	733.34			
JD4	16591	56055				127 35 14	235 42 04	(右) 55 42 04
			−458	+595	750.86			
JD5	16133	56650						

1. 放线

放线资料计算资料经检核无误后,即可进行现场放线。

先将经纬仪安置在初测导线点 C1 上,后视 C2,用正倒镜分中法拨角 36°52′24″,定出 C1-JD1 方向,再沿此方向测设水平距离 145.46m,标定出 JD1,然后在 JD1、JD2……上安置仪器,用同样的方法测设出其余交点。

2. 联测检核

拨角法放线由于误差累积,放线距离越长,放线误差越大。为了检核放线成果的正确性,并防止放线误差累积过大,一般 3~5km 应与初测导线进行联测,其闭合差的限差要求与初测导线相同。本例的联测关系如图 9-8 所示,图中,JD3、JD4、JD5 为纸上定线的交点位置,JD3′、JD4′、JD5′为实际测设的交点位置,C4、C5 为初测导线点,C1~C5 的导线长度为 1988.28m,联测的连接角与连接边观测值列入表 9-4 中,根据初测导线的已知方位角推算出 JD4′-JD3′的坐标方位角后,与放线资料的计算结果进行比较可求得放线的方向误差:

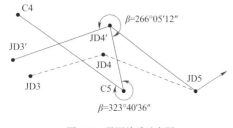

图 9-8 联测关系示意图

$$f_\beta = 71°52′42″ - 71°53′10″ = -28″$$

比较 JD4′和表 9-3 中 JD4 的坐标,可以求得纵横坐标闭合差:

$$\delta_x = 16591.31 - 16591 = +0.31(\text{m})$$
$$\delta_y = 56055.64 - 56055 = +0.64(\text{m})$$

联测导线计算表　　　　　　　　　　　　　　　　　　　表9-4

点号	观测角β (°′″)	方位角α (°′″)	距离S (m)	坐标增量 Δx(m)	坐标增量 Δx(m)	坐　标 x(m)	坐　标 y(m)
C4							
C5	323 40 36	121 38 30				16457	56110
JD4′	266 05 12	337 57 54	144.89	+134.31	-54.36	16591.31	56055.64
JD3′		251 52 42					

角度允许闭合差检核：

$$F_\beta = \pm 25''\sqrt{9} = \pm 75''$$
$$f_\beta < F_\beta$$

距离相对闭合差检核：

$$f = \sqrt{\delta_x^2 + \delta_y^2} = 0.71\text{m}$$

$$\frac{f}{\sum s} = \frac{0.71}{4132.80} = \frac{1}{5900} < \frac{1}{2000}$$

式中：$\sum s$——由初测导线和定测中线构成的闭合环总长度，分别由初测导线坐标计算表和放线资料计算表中查取后相加而得。

3. 闭合差调整

闭合差检核合格后，说明放线精度符合要求，联测点以前的点（本例中为JD4′）可不再调整，为了使放线误差不再继续积累，应使线路中线回到纸上定线的中线位置上来，为此，可用联测点（JD4′）的实测坐标和下一点纸上定线的坐标重新计算放线资料。本例的计算见表9-5。由于JD4的位置已变为JD4′，JD4-JD5的方位角和JD5处的转向角都会改变，应一并进行计算。

放线闭合差调整　　　　　　　　　　　　　　　　　　　表9-5

点号	坐标 x(m)	坐标 y(m)	坐标增量 Δx(m)	坐标增量 Δy(m)	距离S (m)	方位角α (°′″)	拨角值β (°′″)	转向角θ (°′″)
JD3′						71 52 42		
JD4′	16591.3	56055.5	-458.3	+594.5	750.65	127 37 43	235 45 01	（右）55 45 01
JD5	16133	56650	+174	+469	500.24	69 38 42	122 00 59	（左）57 59 01
JD6	16307	57119						

与支距法放线相比，拨角法放线省去了放点、穿线、交点等工作，且可同时进行中桩测设，因此效率较高，但存在误差积累的问题。一般每隔5km，特殊困难地段不远于10km应与

初测导线进行联系测量,也可以将支距法和拨角法两种方法交替使用,以防止误差积累过大。

九、极坐标法放线

用全站仪、测距仪按极坐标法进行线路放线,具有精度高、速度快、劳动强度低的特点,已经得到广泛的应用。其主要工作包括:计算放线资料,现场放线,现场检核等内容。

1. 计算转点坐标

放线资料计算的关键是计算各直线控制点(转点 ZD 和交点 JD)在给定的平面直角坐标系下的坐标,进而计算各放样元素,其步骤和方法如下。

(1)计算直线段的坐标方位角。在纸上定线图上量测各交点的坐标,按坐标反算公式计算各段直线的坐标方位角。

(2)选择转点位置并量算其间距。在纸上定线图上选择若干控制点,量算出它们之间的水平距离。

(3)计算各转点坐标。与导线坐标计算相似,先根据相邻两点之间的水平距离和直线的坐标方位角,计算坐标增量,再根据该直线起始点(JD 或 HZ)的坐标推算各点坐标。

例如,在表 9-6 中,JD4 的坐标和各转点之间的距离是根据纸上定线图量算得到,根据 JD4 和 JD5 的坐标可反算出该直线的坐标方位角为 127°35′14″,根据这些数据即可计算出各转点的坐标。

转点坐标计算表 表 9-6

点 号	间距 S (m)	坐标增量		坐 标	
		Δx(m)	Δx(m)	x(m)	y(m)
JD4	76.6	-46.73	+60.70	16591	56055
ZD4-1	130.2	-79.42	+103.17	16544.27	56115.70
ZD4-2	124.4	-75.88	+98.58	16464.85	56218.87
ZD4-3	208.5	-127.17	+165.22	16388.97	56317.45
ZD4-4	152.8	-93.20	+121.08	16261.80	56482.67
ZD4-5	58.4	-35.62	+46.28	16168.60	56603.75
JD5				16132.98	56650.03

注:直线坐标方位:$\alpha = 127°35′14″$。

2. 现场测设

在初测导线点上安置仪器,后视另一导线点进行定向,然后根据各转点坐标和作为置镜点的导线点坐标,反算出各放样元素来依次测设。

3. 检核

检核的方法有两种:一种是用穿线法检查各转点是否在同一直线上;另一种是在其他测站上安置仪器,定向后实测各转点的坐标与计算值比较,如果出现较大偏差,说明存在测设错误,应查找原因予以纠正。由于用全站仪或光电测距仪按极坐标法进行放线时,各转点的坐标是按其里程或间距推算的,其计算误差很小,实际的点位误差主要是测设时的测量误差,一般仅有几毫米,可不做调整。

十、中桩测设

中桩是指线路中线上的桩点。中桩测设的任务就是将纸上定线的线路中线详细测设于地面上,即根据已测设的各控制桩,测设直线上和曲线上所有的里程桩和加桩。

直线段的中桩测设方法根据放线方法的不同而异。如果采用拨角法放线,可在拨角后延伸直线的同时测设出中桩;如果采用支距法放线,则需将仪器安置在转点上,照准下一转点,沿视线测设中桩;如果用全站仪、测距仪按极坐标法进行放线,则可先计算出所有里程桩和加桩的坐标,然后用极坐标法测设中桩。

中桩测设时,用极坐标法测设的中桩,其点位误差应不大于10cm,用其他方法测设时,中桩点位误差横向应不大于10cm,纵向应不大于$(s/2000+0.1)$m,其中,s为转点到中桩的距离,以m计。

任务三　平曲线的测设

一、主点测设

当路线前进方向发生改变时,就会出现转点,即交点。各级公路与城市道路不论转角大小均应设置平曲线。当缓和曲线省略时,平曲线即为单圆曲线,其设计方法与步骤如下:

(1)拟订圆曲线半径。
(2)计算圆曲线的几何要素。
切线长:
$$T = R \cdot \tan \frac{\alpha}{2} \qquad (9\text{-}1)$$

曲线长:
$$L = \frac{\pi \alpha R}{180} \qquad (9\text{-}2)$$

外距:
$$E = R\left(\sec \frac{\alpha}{2} - 1\right) \qquad (9\text{-}3)$$

切曲差:
$$D = 2T - L \qquad (9\text{-}4)$$

式中:T——切线长,m;
　　　L——曲线长,m;
　　　E——外距,m;
　　　D——切曲差(或校正值J),m;
　　　R——圆曲线半径,m;
　　　α——转角,(°)。

(3)单圆曲线的主点桩号计算:
$$ZY(桩号) = JD(桩号) - T \qquad (9\text{-}5)$$
$$YZ(桩号) = ZY(桩号) + L \qquad (9\text{-}6)$$
$$QZ(桩号) = YZ(桩号) - L/2 \qquad (9\text{-}7)$$

$$JD(桩号) = QZ(桩号) + J/2 \tag{9-8}$$

(4)单圆曲线主点实地敷设:圆曲线的测设元素和主点里程计算出后,便可按下述步骤进行主点测设。

①曲线起点(ZY)的测设。测设曲线起点时,将仪器置于交点 $i(JD_i)$ 上,望远镜照准后一交点 $i-1(JD_{i-1})$ 或此方向上的转点,沿望远镜视线方向量取切线长 T,得曲线起点 ZY,暂时插一测钎标志。然后用钢尺丈量 ZY 至最近一个直线桩的距离,如两桩号之差等于所丈量的距离或相差在容许范围内,即可在测钎处打下 ZY 桩。如超出容许范围,应查明原因,重新测设,以确保桩位的正确性。

②曲线终点(YZ)的测设。

在曲线起点(ZY)的测设完成后,转动望远镜照准前一交点 JD_{i+1} 或此方向上的转点,往返量取切线长 T,得曲线终点(YZ),打下 YZ 桩即可。

③曲线中点(QZ)的测设。测设曲线中点时,可自交点 $i(JD_i)$,沿分角线方向量取外距 E,打下 QZ 桩即可。

二、切线支距法详细测设

在圆曲线的主点设置后,即可进行详细测设。详细测设所采用的桩距 l_0 与曲线半径有关,按桩距 l_0 在曲线上设桩,通常有两种方法:

(1)整桩号法。将曲线上靠近起点(ZY)的第一个桩的桩号凑整成为 l_0 倍数的整桩号,且与 ZY 点的桩距小于 l_0,然后按桩距 l_0 连续向曲线终点 YZ 设桩。这样设置的桩的桩号均为整数。

(2)整桩距法。从曲线起点 ZY 和终点 YZ 开始,分别以桩距 l_0 连续向曲线中点 QZ 设桩。

由于这样设置的桩的桩号一般为破碎桩号,因此,在实测中应注意加设百米桩和千米桩。目前公路中线测量一般均采用整桩号法,本节主要介绍圆曲线切线支距法详细测设方法。

切线支距法又称直角坐标法,是以曲线的起点 ZY(对于前半曲线)或终点 YZ(对于后半曲线)为坐标原点,以过曲线的起点 ZY 或终点 YZ 的切线为 X 轴,过原点的半径为 Y 轴,按曲线上各点坐标 X、Y 设置曲线上各点的位置。

如图9-9所示,设 P_i 为曲线上欲测设的点位,该点至 ZY 点或 YZ 点的弧长为 l_i,φ_i 为 l_i 所对的圆心角,R 为圆曲线半径,则 P_i 点的坐标按下式计算:

$$x_i = R \cdot \sin\varphi_i \tag{9-9}$$

$$y_i = R(1 - \cos\varphi_i) = x_i \cdot \tan\left(\frac{\varphi_i}{2}\right) \tag{9-10}$$

切线支距法详细测设圆曲线,为了避免支距过长,一般是由 ZY 点和 YZ 点分别向 QZ 点施测,其测设步骤如下:

(1)从 ZY 点(或 YZ 点)用钢尺或皮尺沿切线方向量取点 P_i 的横坐标 x_i,得垂足点 N_i。

(2)在垂足点 N_i 上,用方向架或经纬仪定出切

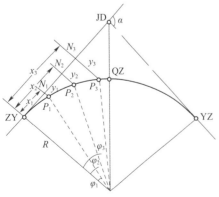

图9-9 切线支距法详细测设圆曲线

线的垂直方向,沿垂直方向量出 y_i,即得到待测定点 P_i。

(3)曲线上各点测设完毕后,应量取相邻各桩之间的距离,并与相应的桩号之差作比较,若闭合差均在限差之内,则曲线测设合格;否则应查明原因,予以纠正。

【案例分析】 已知某 JD 的里程为 K2+968.43,测得转角 $\alpha_Y = 34°12'$,圆曲线半径 $R = 200$m,求曲线测设元素及主点里程;若采用切线支距法,并按整桩号设桩,试计算各桩坐标。

曲线测设元素的计算。由公式代入数据计算得:$T = 61.53$m;$L = 119.38$m;$E = 9.25$m;$D = 3.68$m。主点里程的计算:由公式得:

JD 里程	K2+968.43
$-T$	-61.53
ZY 里程	K2+906.90
$+L$	-119.38
YZ 里程	K3+026.28
$+L/2$	-59.69
QZ 里程	K2+966.59
$+D/2$	$+1.84$
JD 里程	K2+968.43

已计算出主点里程(ZY 里程、QZ 里程;YZ 里程),在此基础上按整桩号法列出详细测设的桩号,并计算其坐标。具体计算见表9-7。

切线支距法坐标计算表   表9-7

桩 号	桩点至曲线起(终)点的弧长 l (m)	横坐标 x_i (m)	纵坐标 y_i (m)
ZY桩:K2+906.90	0	0	0
+920	13.10	13.09	0.43
+940	33.10	32.95	2.73
+960	53.10	52.48	7.01
QZ桩:K2+966.59	59.69	58.81	8.84
+980	46.28	45.87	5.33
K3+000	26.28	26.20	1.72
+020	6.28	6.28	0.10
YZ桩:K3+026.28	0	0	0

三、偏角法详细测设

偏角法是以曲线起点(ZY)或终点(YZ)至曲线上待测设点 P_i 的弦线与切线之间的弦切角(这里称为偏角)Δ_i 和弦长 c_i 来确定 P_i 点的位置。

如图9-10所示,根据几何原理,偏角 Δ_i 等于相应弧长所对的圆心角 φ_i 的一半。

【案例分析】 接前案例,采用偏角法按整桩号设桩,计算各桩的偏角和弦长。设曲线由 ZY 点向 YZ 点测设,计算内容及结果见表9-8。

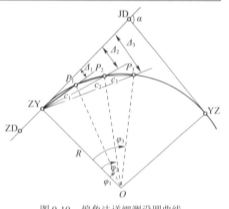

图9-10 偏角法详细测设圆曲线

偏角法详细测设圆曲线数据计算表   表 9-8

桩　　号	桩点至 ZY 点的曲线长 l_i （m）	偏角值 Δ_i （° ′ ″）	长弦 C_i （m）	短弦 c_i （m）
ZY 桩：K2+906.90	0.00	00 00 00	0	0
+920	13.10	1 52 35	13.10	13.10
+940	33.10	4 44 28	33.06	19.99
+960	53.10	7 36 22	52.94	19.99
QZ 桩：K2+966.59	59.69	8 33 00	59.47	6.59
+980	73.10	10 28 15	72.69	13.41
K3+000	93.10	13 20 08	92.26	19.99
+020	113.10	16 12 01	111.60	19.99
YZ 桩：K3+026.28	119.38	17 06 00	117.62	6.28

注：1. 用公式 $\Delta_i = l_i/(2R)$（rad）计算的偏角单位为弧度，应将其换算为度、分、秒。

    2. 表中长弦指桩点至曲线起点（ZY）的弦长。

    3. 短弦指相邻两桩点间的弦长。

测设方法如下：用偏角法详细测设圆曲线的细部点，因测设距离的方法不同，分为长弦偏角法和短弦偏角法两种。前者测量测站至细部点的距离（长弦 C_i），适合于用经纬仪加测距仪（或用全站仪）；后者测量相邻细部点之间的距离（短弦 c_i），适合于用经纬仪加钢尺。

具体测设步骤如下：

（1）安置经纬仪（或全站仪）于曲线起点（ZY）上，盘左瞄准交点（JD），将水平盘读数设置为 0°00′00″。

（2）水平转动照准部，使水平度盘读数为：+920 桩的偏角值 $\Delta_1 = 1°52′35″$，然后，从 ZY 点开始，沿望远镜视线方向量测出弦长 $C_1 = 13.10$m，定出 P_1 点，即为 K2+920 的桩位。

（3）再继续水平转动照准部，使水平度盘读数为：+940 桩的偏角值 $\Delta_2 = 4°44′28″$，从 ZY 点开始，沿望远镜视线方向量测长弦 $C_2 = 33.06$m，定出 P_2 点。

（4）测设至曲线终点（YZ）作为检核，继续水平转动照准部。使水平度盘读数为 $\Delta_{YZ} = 17°06′00″$，从 ZY 点开始，沿望远镜视线方向量测出长弦 $C_{YZ} = 117.62$m，或从 K3+020 桩测设短弦 $c = 6.28$m，定出一点。此点如果不与 YZ 重合，其闭合差应符合表 9-9 所列规定。

曲线闭合差   表 9-9

公路等级	纵向闭合差（cm）		横向闭合差（cm）		曲线偏角闭合差（″）
	平原微丘区	山岭重丘区	平原微丘区	山岭重丘区	
高速公路、一级公路	1/2000	1/1000	10	10	60
二级及二级以下公路	1/1000	1/500	10	15	120

上例路线为右转角，当路线为左转时，由于经纬仪的水平度盘注记为顺时针增加，则偏角增大，而水平度盘的读数是减小的。

偏角法不仅可以在 ZY 点上安置仪器测设曲线，而且还可在 YZ 或 QZ 点上安置仪器进行测设。也可以将仪器安置在曲线任一点上测设。这是一种测设精度较高,适用性较强的常用方法。但在用短弦偏角法时存在测点误差累积的缺点,所以宜采取从曲线两端向中点或自中点向两端测设曲线的方法。

任务四　缓和曲线的测设

一般情况下,缓和曲线起于直线,插入圆曲线,与直线相接的点为缓和曲线的起点,记为 ZH 或 HZ 点,与圆曲线相切的点为缓和曲线的终点,记为 HY 或 YH 点。为了能在直线和圆曲线之间插入缓和曲线,必须将原有圆曲线向内移动一定的距离 p,圆曲线向内移动有两种方法:一种是圆心不变,圆曲线半径减小,从而达到圆曲线内移的目的;另一种是半径不变,圆心沿分角线方向内移,以达到圆曲线内移的目的。由于后者是不平行移动,圆曲线上各点的内移值不相等,测设工作麻烦,因此采用第一种方法。采用圆心不动的平行移动方法时,将平曲线未设缓和曲线时的圆曲线半径设为 $R+p$,插入缓和曲线时,向内移动 p 后,圆曲线半径为 R。

平曲线设置缓和曲线时,一般常用的组合是:直线—缓和曲线—圆曲线—缓和曲线—直线,即基本型。其设计方法及步骤如下。

一、计算缓和曲线常数

(1)缓和曲线的切线角。

①缓和曲线上任意点的切线角 β_x。缓和曲线的切线角是指缓和曲线上任意点的切线与该缓和曲线起点的切线所成夹角。

$$\beta_x = \frac{l^2}{2L_s R} \tag{9-11}$$

②缓和曲线的总切线角 β_h。当到达缓和曲线终点时,即当 $l = L_s$ 时:

$$\beta = \frac{L_s}{2R} \tag{9-12}$$

式中:l——从缓和曲线起点 ZH(HZ)点至缓和曲线上任意一点之弧长,m;

L_s——缓和曲线全长,m;

R——缓和曲线终点处 HY(YH)点的半径,即圆曲线半径,m;

β_x——缓和曲线任意一点的切线角,rad;

β——缓和曲线终点处 YH(HY)的切线角,rad。

(2)设置缓和曲线后的切线增长值:

$$q = \frac{L_s}{2} - \frac{L_s^3}{240R^2} \tag{9-13}$$

(3)设有缓和曲线后圆曲线的内移值:

$$P = \frac{L_s^2}{24R} \tag{9-14}$$

二、计算缓和曲线直角坐标

如图 9-11 所示,在任意一点 P 处取一微分弧段 d_l,则有 $dx = d_l \cdot \sin\beta_x$,$dy = d_l \cdot \cos\beta_x$,

将 $\sin\beta_x$ 和 $\cos\beta_x$ 用函数幂级数展开,同时将 $\beta_x = \dfrac{l^5}{2L_sR}$ 代入并分别对其进行积分,略去高次项得缓和曲线上任意一点的直角坐标为:

$$\begin{cases} x = l - \dfrac{l^5}{40R^2L_s^2} \\ y = \dfrac{l^3}{6RL_s} - \dfrac{l^7}{336R^3L_s^3} \end{cases} \tag{9-15}$$

当 $l = L_s$ 时,缓和曲线终点的直角坐标为:

$$\begin{cases} X_h = L_s - \dfrac{L_S^3}{40R^2} \\ Y_h = \dfrac{L_s^2}{6R} - \dfrac{L_s^4}{336R^3} \end{cases} \tag{9-16}$$

式中:x——缓和曲线上任意一点的横坐标;

y——缓和曲线上任意 l 一点的纵坐标;

X_h——缓和曲线终点处的横坐标;

Y_h——缓和曲线终点处的纵坐标;

L_s——缓和曲线长,m。

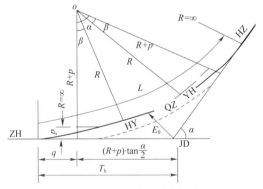

图 9-11 带有缓和曲线的平曲线设计图

三、计算平曲线要素

切线长:

$$T_h = (R + p)\tan\dfrac{\alpha}{2} + q \tag{9-17}$$

圆曲线长:

$$L_y = (\alpha - 2\beta)\dfrac{\pi}{180}R = L_h - 2L_s \tag{9-18}$$

平曲线总长:

$$L_h = (\alpha - 2\beta)\dfrac{\pi}{180}R + 2L_s$$

$$= \alpha\dfrac{\pi}{180}R + L_s \tag{9-19}$$

外距:
$$E_h = (R+p)\sec\frac{\alpha}{2} - R \tag{9-20}$$

切曲差:
$$D_h = 2T_h - L_h \tag{9-21}$$

式中: T_h——切线长, m;
　　L_y——平曲线中圆曲线长, m;
　　L_h——平曲线中长, m;
　　L_s——缓和曲线长, m
　　E_h——外距, m;
　　D_h——切曲差(或校正值 J), m;
　　R——圆曲线半径, m;
　　α——转角, (°);
　　β——转角, (°)。

四、计算平曲线主点桩号

$$\begin{aligned}
\text{ZH}(桩号) &= \text{JD}(桩号) - T_h \\
\text{HY}(桩号) &= \text{ZH}(桩号) + L_s \\
\text{YH}(桩号) &= \text{HY}(桩号) + L_y \\
\text{HZ}(桩号) &= \text{YH}(桩号) + L_s \\
\text{QZ}(桩号) &= \text{HZ}(桩号) - L_h/2 \\
\text{JD}(桩号) &= \text{QZ}(桩号) + D_h/2
\end{aligned} \tag{9-22}$$

五、平曲线主点实地敷设

在 JD 处沿后视切线方向,量取切线长 T_h,得圆曲线起点 ZH 点。

在 JD 处沿前视切线方向,量取切线长 T_h,得圆曲线起点 HZ 点。

在 JD 处沿分角线方向,量取外距 E_h,得圆曲线中点 QZ 点。

在 ZH 点处沿 JD 方向量取 X_h,得一点,以该点为垂足向曲线内做 ZH-JD 段的垂线,沿垂线方向量取 Y_h 即得 HY 点。同理可从 HZ 点开始得 YH 点。

【案例分析】 某新建二级公路设计车速为 40km/h,有一平曲线,交点为 JD_3,交点桩号为 K6+560.56,其平曲线半径为 $R=250\text{m}$,偏角为 $\alpha=29°23'24''$,试敷设平曲线并计算主点里程。

(1)确定是否设置缓和曲线。

因为平曲线半径 $R=250\text{m}$ 小于不设超高最小半径 600m(800m),故需要设置缓和曲线。

(2)确定缓和曲线长度。

由题意可知,该公路为二级公路,其设计车速为 40km/h,查规范得缓和曲线 $L_s=50\text{m}$。

$$\beta_0 = \frac{L_s}{2R}\frac{180}{\pi} = 5°43'46''$$

$$2\beta = 11°27'33'' \leq \alpha (符合要求)$$

故,缓和曲线 $L_s = 50\mathrm{m}$ 符合标准的要求。

(3)平曲线要素:

$$p = \frac{L_s^2}{24R} = 0.427\mathrm{m}$$

$$q = \frac{L_s}{2} - \frac{L_s^3}{240R^2} = 24.99\mathrm{m}$$

$$T_h = (R+p)\tan\frac{\alpha}{2} + q = 88.61\mathrm{m}$$

$$L_h = \alpha\frac{\pi}{180}R + L_s = 174.39\mathrm{m}$$

$$L_y = L_h - 2L_s = 74.39\mathrm{m}$$

$$E_h = (R+p)\sec\frac{\alpha}{2} - R = 8.38\mathrm{m}$$

$$D_h = 2T_h - L_h = 2.83\mathrm{m}$$

(4)平曲线主点桩桩号:

JD$_3$		K6+560.56
$-T_h$		88.61
ZH		K6+471.95
$+L_s$		50
HY		K6+521.95
$+L_y$		74.39
YH		K6+596.34
$+L_s$		50
HZ		K6+646.34
$-L_h/2$		87.195
QZ		K6+559.15
$+D_h/2$		1.415
JD$_3$		K6+560.56(计算无误)

(5)计算缓和曲线的直角坐标。

$$X_h = L_S - \frac{L_S^3}{40R^2} = 49.95$$

$$Y_h = \frac{L_S^2}{6R} - \frac{L_S^4}{336R^3} = 1.67$$

(6)平曲线主点实地敷设。

在 JD 处沿后视切线方向,量取切线长 $T_h = 88.61\mathrm{m}$,得圆曲线起点 ZH 点;

在 JD 处沿前视切线方向,量取切线长 $T_h = 88.61\mathrm{m}$,得圆曲线起点 HZ 点;

在 JD 处沿分角线方向,量取外距 $E_h = 8.38\mathrm{m}$,得圆曲线中点 QZ 点;

在 ZH 点处沿 JD 方向量取 $X_h = 49.95\mathrm{m}$,得一点,以该点为垂足向曲线内做 ZH-JD 段的垂线,沿垂线方向量取 $Y_h = 1.67\text{m}$ 即得 HY 点。

在 HZ 点处沿 JD 方向量取 $X_h = 49.95\text{m}$,得一点,以该点为垂足向曲线内做 HZ-JD 段的垂线,沿垂线方向量取 $Y_h = 1.67\text{m}$ 即得 YH 点,敷设完毕。

六、切线支距法详细测设带有缓和曲线的平曲线

切线支距法是以 ZH 点(对于前半曲线)或 HZ 点(对于后半曲线)为坐标原点,以过原点的切线为 x 轴,过原点的半径为 y 轴,利用缓和曲线段和圆曲线段上的各点的坐标 $(x、y)$ 测设曲线。

在缓和曲线段上各点坐标 $(x、y)$ 可按缓和曲线的参数方程求得。即:

$$x = l - \frac{l^5}{40R^2 l_s^2}$$
$$y = \frac{l^3}{6Rl_s} - \frac{l^7}{336R^3 l_s^3} \tag{9-23}$$

在圆曲线段上各点的坐标可由图 9-12 按几何关系求得为:

$$\begin{rcases} x = R \cdot \sin\varphi + q \\ y = R(1 - \cos\varphi) + p \end{rcases} \tag{9-24}$$

式中:$\varphi = \dfrac{l - l_s}{R} \cdot \dfrac{180°}{\pi} + \beta_0,(°)$;

l——该点至 ZH 或 HY 点的曲线长。

在计算出缓和曲线段上和圆曲线段上各点的坐标 $(x、y)$ 后,即可按用切线支距法测设圆曲线的同样方法进行测设。

另外,圆曲线上各点也可以缓圆点 HY 或圆缓点 YH 为坐标原点,用切线支距法进行测设。此时只要将 HY 或 YH 点的切线定出,如图 9-13 所示,计算出 T_d 之长度后,HY 或 YH 点的切线即可确定(图 9-14)。T_d 可由下式计算:

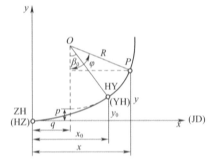

图 9-12 圆曲线段上点的坐标

$$T_d = x_0 - \frac{y_0}{\tan\beta_0} = \frac{2}{3} l_s + \frac{l_s^3}{360R^2} \tag{9-25}$$

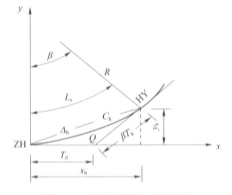

图 9-13 缓和曲线起终点的确定

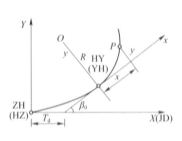

图 9-14 HY 或 YH 的切线方向

七、偏角法详细测设带有缓和曲线的平曲线

用偏角法详细测设带有缓和曲线的平曲线时，其偏角应分为缓和曲线段上的偏角与圆曲线段上的偏角两部分进行计算。

1. 缓和段上各点测设

对于测设缓和曲线段上的各点，可将经纬仪安置于缓和曲线的 ZH 点（或 HZ 点）上进行测设，如图 9-15 所示，设缓和曲线上任一点 P 的偏角值为 δ，由图可知：

$$\tan\delta = \frac{y}{x} \tag{9-26}$$

式中：x、y——P 点的直角坐标，可由曲线参数方程式(9-23)求得。由此求得：

$$\delta = \tan^{-1}\frac{y}{x} \tag{9-27}$$

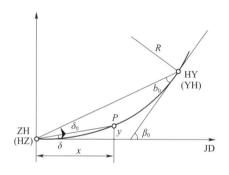

图 9-15 偏角法

在实测中，因偏角 δ 较小，一般取：

$$\delta \approx \tan\delta = \frac{y}{x} \tag{9-28}$$

将曲线参数方程式(9-23)中 x、y 代入式(9-28)，得（取第一项）：

$$\delta = \frac{l^2}{6Rl_s} \tag{9-29}$$

在式(9-29)中，当 $l = l_s$ 时，得缓圆点 HY 或圆缓点 YH 的偏角值 δ_0 称之为缓和曲线的总偏角。即：

$$\delta_0 = \frac{l_s}{6R} \tag{9-30}$$

由于 $\beta_0 = \frac{l_s}{2R}$，所以得：

$$\delta_0 = \frac{1}{3}\beta_0 \tag{9-31}$$

由式(9-28)、式(9-29)、式(9-31)可得：

$$\delta = \left(\frac{l}{l_s}\right)^2 \delta_0 = \frac{1}{3}\left(\frac{l}{l_s}\right)^2 \beta_0 \tag{9-32}$$

在按式(9-28)或式(9-29)计算出缓和曲线上各点的偏角值后，采用与偏法测设圆曲线

同样的步骤进行缓和曲线的测设。由于缓和曲线±弦长 $c = l - \dfrac{l^5}{90R^2 l_s^2}$，近似地等于相应的弧长，因而在测设时，弦长一般就取弧长值。

2. 圆曲线段上各点测设

对于圆曲线段上各点的测设，应将仪器按置于 HY 或 YH 点上进行。这时只要定出 HY 或 YH 点的切线方向，就可按前面所讲的无缓和曲线的圆曲线的测设方法进行。如图 9-12 所示，关键是计算 b_0，显然有：

$$b_0 = \beta_0 - \delta_0 = \beta_0 - \dfrac{1}{3}\beta_0 = \dfrac{2}{3}\beta_0 \tag{9-33}$$

将 b_0 求得后，将仪器安置于 HY 点上，瞄准 ZH 点，将水平度盘读数配置为 b_0（当曲线右转时，应配置为 $360° - b_0$）后，旋转照准部，使水平度盘的读数为 $00°00'00''$ 后，倒镜，此时视线方向即为 HY 点的切线方向，然后按前述偏角法测设圆曲线段上各点。

八、极坐标法详细测设带有缓和曲线的平曲线

由于全站仪在公路工程中的广泛使用，极坐标法已成为曲线测设的一种简便、迅速、精确的方法。用极坐标法测设带有缓和曲线的平曲线时，首先设定一个直角坐标系：一般以 ZH 或 HZ 点为坐标原点，以其切线方向为 x 轴，并且正向朝向交点 JD，自 x 轴正向顺时针旋转 $90°$ 为 y 轴正向。这时，曲线上任一点 P 的坐标 (x_P, y_P) 仍可按式 (9-23) 和式 (9-24) 计算。但当曲线位于 x_P 轴正向左侧时，y_P 应为负值。

具体测设按下述方法进行。

如图 9-16 所示，在待测设曲线附近选择一视野开阔、便于按置仪器的点 A，将仪器安置于坐标原点 O 上，测定 OA 的距离 S 和 x 轴正向顺时针至 A 点的角度 α_{OA}（即直线 OA 在设定坐标系中的方位角），则 A 点的坐标为：

$$\left. \begin{array}{l} x_A = S \cdot \cos\alpha_{OA} \\ y_A = S \cdot \sin\alpha_{OA} \end{array} \right\} \tag{9-34}$$

直线 AO 和 AP 在该设定的坐标系中的方位角为：

$$\left. \begin{array}{l} \alpha_{OA} = \alpha_{OA} \pm 180° \\ \alpha_{AP} = \tan^{-1}\dfrac{y_P - y_A}{x_P - x_A} \end{array} \right\} \tag{9-35}$$

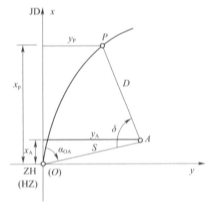

图 9-16　极坐标法

则：

$$\left. \begin{array}{l} \delta = \alpha_{AP} - \alpha_{AO} \\ D_{AP} = \sqrt{(x_P - x_A)^2 + (y_P - y_A)^2} \end{array} \right\} \tag{9-36}$$

在按上述算式计算出曲线上各点测设角度和距离后，将仪器安置在 A 点上，后视坐标原点，并将水平度盘配制为 $00°00'00''$，然后转动照准部，拨水平角 δ，便得到 A 点至 P 点的方向线，沿此方向线，测定距离 D_{AP} 即得待测点 P 的地面位置，按此方法便可将曲线上各点的位置测定。

极坐标法除可按上述方法测设外,还可按前述不带缓和曲线的圆曲线详细测设中的极坐标法进行。

任务五　其他情况时平曲线的测设

一、虚交法

一般情况下,虚交是当交点落入河水、深谷等处,或遇到建筑物无法架设仪器进行测量时的一种处理方法。在平曲线设计时也可用此方法解决交点间距较短的问题。

如图9-17所示,量取$A(\mathrm{JD_a})$、$B(\mathrm{JD_b})$之间的距离长度AB,则:

$$\left. \begin{array}{l} a = \dfrac{\sin\alpha_\mathrm{A}}{\sin\alpha}AB \\ b = \dfrac{\sin\alpha_\mathrm{B}}{\sin\alpha}AB \\ \alpha = \alpha_\mathrm{A} + \alpha_\mathrm{B} \end{array} \right\} \tag{9-37}$$

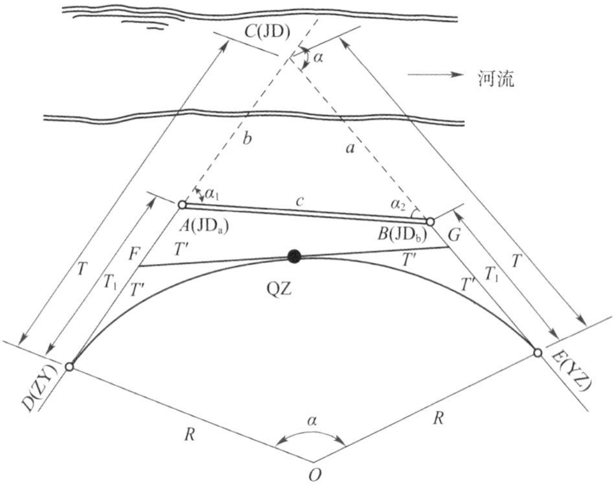

图9-17　虚交单圆曲线

根据选定半径R和α,可计算T、L、E、D,可得ZY与A点,YZ与B点之间的距离T_A和T_B。

$$\left. \begin{array}{l} T_\mathrm{A} = T - b \\ T_\mathrm{B} = T - a \end{array} \right\} \tag{9-38}$$

式中:a、b——虚交三角形边长,m;

AB——辅助交点间距,即辅助基线长,实测求得,m;

α_A、α_B——辅助交点转角,实测求得;

T_A、T_B——辅助交点至曲线起、终点距离,m;

T——按单交点曲线计算的切线长,m;

α——路线转角,$\alpha = \alpha_\mathrm{A} + \alpha_\mathrm{B}$。

曲线中点(QZ)的测设:如图9-17所示,根据三角形的定理,$\angle GFC = \angle FGC = \alpha/2$,则:

$T' = R\tan\alpha/4$。实际敷设时,从 ZY 点向 JD 方向量取 T',得 F 点。从 YZ 点向 JD 方向量取 T',得 G 点。从 F(或 G)点向 G(或 F 点)方向量取 T',即得 QZ 点。

二、双交点法

双交点法一般用于两个交点间距较小时,取消交点之间的夹直线,将两个同向平曲线按切基线设计成一个单曲线的情形,如图 9-18 所示。

当平曲线不设缓和曲线时,因为:

$$T_1 = R\tan\frac{\alpha_1}{2}$$

$$T_2 = R\tan\frac{\alpha_2}{2}$$

则:

$$T_1 + T_2 = R\tan\frac{\alpha_1}{2} + R\tan\frac{\alpha_2}{2} = AB$$

得:

$$R = \frac{T_1 + T_2}{\tan\frac{\alpha_1}{2} + \tan\frac{\alpha_2}{2}} \qquad (9\text{-}39)$$

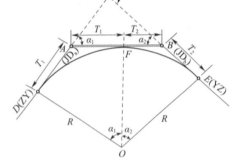

图 9-18 双交点曲线

计算出圆曲线半径 R 后,按单圆曲线计算并敷设。需要注意的是,该曲线由 GQ 点替换 QZ 点。

当平曲线设有缓和曲线时:

$$AB = (R+p)\tan\frac{\alpha_A}{2} + (R+p)\tan\frac{\alpha_B}{2}$$

可以得以下求解公式:

$$24R^2 - 24\frac{AB}{\tan\frac{\alpha_A}{2} + \tan\frac{\alpha_B}{2}}R + L_S^2 = 0$$

可确定圆曲线半径 R。

三、复曲线法

当受地形条件限制时,在相邻两个交点之间设置两个或两个以上半径不等的同向平曲线,该组曲线称为复曲线。复曲线设计时,必须先拟订其中一个圆曲线的半径,被拟订半径的曲线称为主曲线,余下的曲线称为副曲线。副曲线的半径和有关数据计算得出。

如图 9-19 所示,拟订 R_1,则:

$$T_1 = R_1 \tan\frac{\alpha_1}{2}$$

$$T_2 = AB - T_1$$

$$R_2 = T_2/(\tan\alpha_2/2)$$

依次可按单圆曲线的设计方法分别计算出两个圆曲线的曲线要素,再进行敷设。

复曲线设计时,一般将受地形等条件限制较多交点处的曲线定位主曲线。如果受限制条件差不多,则转角较大交点处的曲线为主曲线。

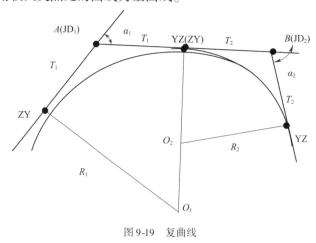

图 9-19 复曲线

任务六 平面线形的组合形式

一、常用组合

1. 简单型平曲线

当一个弯道由直线与圆曲线组合时叫简单型平曲线,即按直线—圆曲线—直线的顺序组合,如图 9-20 所示。

简单型平曲线在 ZY 和 YZ 点处有曲率突变点,对行车不利。当半径较小时,该处线形舒适性较差,一般限于四级公路采用。其他等级公路当圆曲线半径大于不设超高的最小半径时,缓和曲线省略,采用简单型平曲线。

2. 基本型

基本型是按直线—回旋线—圆曲线—回旋线—直线的顺序组合的,如图 9-21 所示。

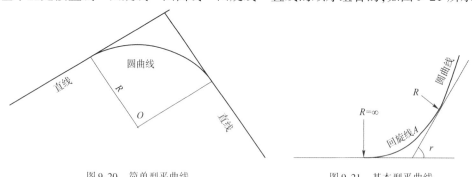

图 9-20 简单型平曲线　　　　图 9-21 基本型平曲线

基本型平曲线可以设计成对称基本型或根据线形、地形变化的需要设计成非对称基本型,即两个回旋线的参数值为 $A_1 = A_2$(对称型)或 $A_1 \neq A_2$(非对称型)。

为使线形连续协调,回旋线—圆曲线—回旋线的长度之比宜为 1∶1∶1,并注意设置基本型的几何条件:$\alpha > 2\beta_0$(α 为圆曲线转角,β_0 为缓和曲线角)。

3. S 型

两个反向圆曲线用回旋线连接起来的组合线形为 S 型,如图 9-22 所示。

S 型相邻两个回旋线参数 A_1 与 A_2 宜相等,设计成对称形。当采用不同的参数时,A_1 与 A_2 之比应小于 2.0,有条件时以小于 1.5 为宜。

S 型的两个反向回旋线以径相光滑连接为宜,当地形等条件受限必须插入短直线或当两圆曲线的回旋线相互重合时,短直线或重合段的长度应符合下式规定:

$$L \leqslant \frac{A_1 + A_2}{40}$$

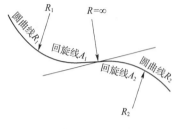

图 9-22 S 型平曲线

式中:L——反向回旋线间短直线或重合段的长度,m;

A_1、A_2——回旋线参数。

两圆曲线半径之比不宜过大,以 $R_2/R_1 = 1 \sim 1/3$ 为宜。R_1 为大圆曲线半径(m),R_2 为小圆曲线半径(m)。

4. 复曲线

复曲线是指两个或两个以上半径不同、转向相同的圆曲线径相连接或插入缓和曲线的组合曲线,后者又称卵形曲线。根据是否插入缓和曲线可以分成以下几种形式:

(1)圆曲线直接相连的组合形式。两同向圆曲线按直线—圆曲线 R_1—圆曲线 R_2—直线的顺序组合构成,如图 9-23 所示。

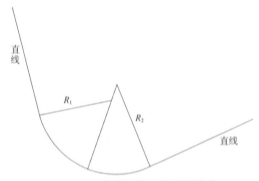

图 9-23 圆曲线直接相连接的复曲线

(2)两端设置缓和曲线的组合形式。两同向圆曲线按直线—回旋线 A_1—圆曲线 R_1—圆曲线 R_2—回旋线 A_2—直线的顺序组合构成,如图 9-24 所示。

图 9-24 两端带有缓和曲线的复曲线

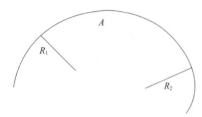

图 9-25 卵型曲线

(3)卵型曲线。用一个回旋线连接两个同向圆曲线的组合形式,称为卵型。即按直线—回旋线 A_1—圆曲线 R_1—回旋线—圆曲线 R_2—回旋线 A_2—直线顺序组合构成,如图 9-25 所示。

卵型曲线要求大圆能完全包住小圆,卵型组合的回旋线参数宜符合下式要求:

$$\frac{R_2}{2} \leq A \leq R_2$$

式中:A——回旋线参数;

R_2——小圆曲线半径,m。

两圆曲线半径之比,以 $R_2/R_1 = 0.2 \sim 0.8$ 为宜。

两圆曲线的间距,$D/R_2 = 0.003 \sim 0.03$ 为宜,以免曲率变化太大(D 为两圆曲线间的最小间距,以 m 为单位)。

二、特殊组合

1. 凸型

两个同向回旋线间无圆曲线而径相衔接的平面线形称为凸型,如图 9-26 所示。

凸型曲线设置的几何条件是 $\alpha = 2\beta_0$(α 为圆曲线转角,β_0 为缓和曲线角),凸形回旋线参数及其连接点的曲率半径,应分别符合容许最小回旋线参数和圆曲线一般最小半径的规定。

凸型曲线在两回旋线衔接处曲率发生突变,不仅不利于行车,而且由于超高,路面边缘线纵断面也会在该处形成转折,因此一般情况下,只有在受地形、地物限制时,方可考虑采用凸型曲线。

2. C 型

同向曲线的两个回旋线在曲率为零处径相衔接(即连接处曲率为 0,$R = \infty$)的形式称为 C 型,如图 9-27 所示。C 型的线形组合方式只有在特殊地形条件下方可采用。两个回旋线参数可相等,也可不相等。

3. 复合型

两个及两个以上同向回旋线,在曲率相等处相互连接的形式称为复合型,如图 9-28 所示。复合型的两个回旋线参数之比以小于 1∶1.5 为宜。

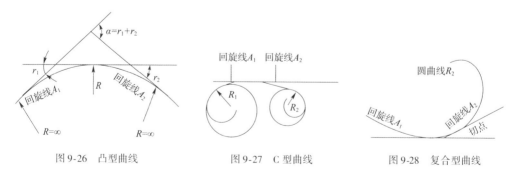

图 9-26 凸型曲线　　图 9-27 C 型曲线　　图 9-28 复合型曲线

复合型一般很少采用,仅在受地形或其他特殊原因限制时(互通式立体交叉除外)使用。

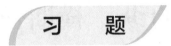

1. 已知某公路某转点 ZD 的里程为 K25+536.32,ZD 到 JD 的距离为 $D=893.86\text{m}$。设计时选配的圆曲线半径 $R=500\text{m}$,缓和曲线长 $l_0=60\text{m}$,实测转向角 $\alpha_Z=35°51'23''$,试计算缓和曲线常数和综合要素,并推算各主点的里程。

2. 已知 $\alpha_{MN}=300°04'16''$,$x_M=14.224$,$y_M=86.771$,$x_A=42.343$,$y_A=85.006$,将仪器安置于 M 点,试计算用极坐标法测设出 A 点所需要的数据、并绘图及说明测设方法,见表9-10及图9-29(距离计算到毫米,角度到 $0.1''$)。

坐标点数据 表9-10

点名	A	B	M	N
$x(\text{m})$	1048.63	1110.54	1220.61	1220.13
$y(\text{m})$	1086.73	1332.46	1100.07	1300.28

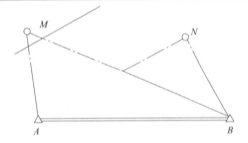

图9-29 绘图

3. 已知某 JD 的里程为 K6+068.43,测得转角 $\alpha_Y=41°27'$,圆曲线半径 $R=200\text{m}$,求曲线测设元素及主点里程;分别计算采用切线支距法及偏角法按整桩号设桩的各中桩测设数据。

项目十　路线的纵、横断面测量

1. 掌握路线纵断面的测设方法。
2. 掌握路线横断面的测设方法。

1. 能熟练运用测量仪器完成路线纵断面地面线的测绘。
2. 能熟练运用测量仪器完成路线横断面地面线的测绘。

重点　公路纵横断面测量、绘图。
难点　公路纵横断测量。

任务一　认识路线的纵、横断面

通过公路中线的竖向剖面称为路线纵断面图。由于地形、地物、地质、水文等自然因素的影响以及满足经济性的要求,公路路线在纵断面上不可能从起点至终点是一条水平线,而是一条有起伏的空间线。

图 10-1 所示为公路路线纵断面示意图,它是公路纵断设计的主要成果。在纵断面图上,通过路中线的原地面上各桩点的高程,称为地面高程,相邻地面高程的起伏折线的连线,称为地面线。

纵断面图由上下两部分组成,上半部分是图,下半部分是有关的数据及文字信息,类似表格,因此可简单记为上图下表,如图 10-1 所示。

纵断面图的上半部分主要绘制了两条线:一条是地面线,是根据道路中线上各中桩实测的地面高程点绘出的一条圆滑的曲线,反映了道路中线处天然地面的起伏情况;另一条是设计线。

公路中线的法线方向剖面图称为公路横断面图,简称横断面,它是由横断面设计线与横断面地面线所围成的图形,如图 10-2、图 10-3 所示。

路线横断面测量是测定各中桩处垂直于中线方向上的地面起伏情况,然后绘制成横断面图,供路基、边坡、特殊构造物的设计、土石方的计算和施工放样之用。

项目十 路线的纵、横断面测量

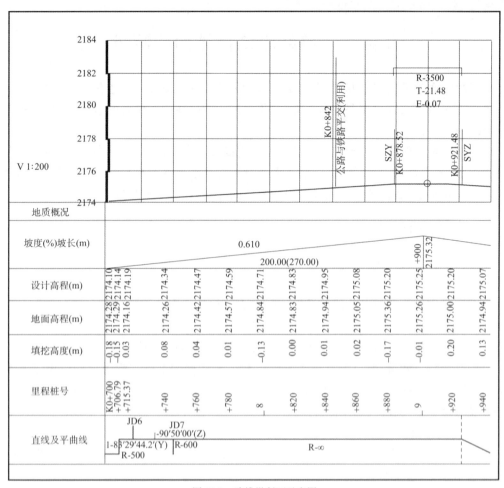

图 10-1 路线纵断面示意图

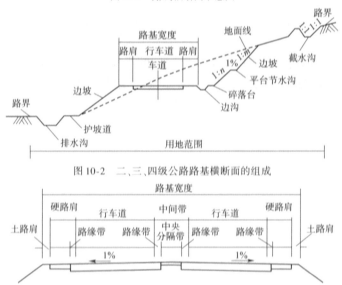

图 10-2 二、三、四级公路路基横断面的组成

图 10-3 高速公路、一级公路路基横断面

任务二　路线纵断面地面线测量

路线纵断面测量(称为中线水准测量),在道路中线测定之后,测定中线上各里程桩(简称中桩)的地面高程,并绘制路线纵断面图,用以表示沿路线中线位置的地形起伏状态,主要用于路线纵坡设计。

纵断面测量一般分为两步:首先,沿路线方向设置水准点,并测定其高程,从而建立路线的高程控制,称为基平测量;然后,根据基平测量建立的水准点的高程,分别在相邻的两个水准点之间进行水准测量,测定路线各里程桩的地面高程,称为中平测量。

一、路线基平测量

1.路线水准点的设置与精度要求

1)水准点定义

水准点是在勘测和施工阶段以及竣工时作为路线高程测量的控制点。

2)水准点分类

根据需要和用途可布设永久性水准点和临时性水准点,一般规定,在路线的起点和终点、大桥两岸、隧道两端、垭口以及一些需要长期观测高程的重点工程附近均应设置永久性水准点。在一般地区应每隔一定的长度设置一个永久性水准点。为便于引测;还需沿路线方向布设一定数量的临时性水准点。临时性水准点的密度,一般情况下,水准点间距宜为$1\sim1.5km$;山岭重丘区可根据需要适当加密。

水准点点位应选在稳固、醒目、易于引测以及施工时不易遭受破坏的地方,一般在应距路线中线$50\sim300m$的地方。

(1)水准点一般以BM_i表示。

(2)为了避免混乱和便于寻找,应逐个编号,用红油漆连同符号(BM_i)一起写在水准点旁。

(3)水准点设置好后,将其距中线上某里程桩的距离、方位(左侧或右侧)以及与周围主要地物的关系等内容记在记录本上,以供外业结束后,编制水准点一览表和绘制路线平面图时之用。

2.道路基平测量的方法

首先将起始水准点与附近国家水准点进行联测,以获取水准点的绝对高程。

水准点高程的测定,是采用水准测量方法获得的。通常采用一台水准仪在两个相邻的水准点间作往返观测;也可用两台水准仪作同向单程观测。

二、道路中平测量

中平测量是以两个相邻水准点为一侧段,从一个水准点出发,逐个测定中桩的地面高程,闭合到下一个水准点上。道路中平测量精度要求:公路中平测量应起闭于路线高程控制点上,高程测至桩志处的地面,其测量误差应符合表10-1。中桩高程应取位至厘米。

项目十 路线的纵、横断面测量

中桩高程测量精度　　　　　　　　　　　　表 10-1

公 路 等 级	闭合差(mm)	两次测量之差(cm)
高速公路、一、二级公路	$\leqslant 30\sqrt{L}$	$\leqslant 5$
三级及以下公路	$\leqslant 50\sqrt{L}$	$\leqslant 10$

注：L 为高程测量的路线长度(km)。

1. 中平测量(又称中桩抄平)

一般是以两相邻水准点为一测段，从一个水准点开始，用视线高法，逐个测定中桩处的地面高程，直至附合到下一个水准点上。在每一个测站上，应尽量多的观测中桩，还需在一定距离内设置转点。相邻两转点间所观测的中桩，称为中间点。由于转点起着传递高程的作用，为了削弱高程传递的误差，在测站上应先观测转点，后观测中间点。观测转点时读数至毫米，视线长度一般应不大于 100m。在转点上水准尺立于尺垫、稳固的桩顶或坚石上。观测中间点时读数即中视读数可读至厘米，视线也可适当放长，立尺应在紧靠桩边的地面上。

如图 10-4 所示，以水准点 A 为后视点(高程 H_A 已知)，以 B 点为前视转点，K_i 点为中间点。在施测过程中，将水准仪安置在测站上，首先观测立于 A 点的水准尺读数为 a，然后再观测立于前视转点 B 点的水准尺读数为 b，最后观测立于中间点 K_i 点上的水准尺上的读数为 k，则可用视线高法求得前视转点 B 的高程 H_B 和中桩点的高程 H_K。

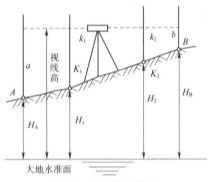

图 10-4 视线高法测高程

$$\left.\begin{array}{l} \text{测站视线高} = \text{后视点高程 } H_A + \text{后视读数 } a \\ \text{前视转点 } B \text{ 的高程 } H_B = \text{视线高} - \text{前视读数 } b \\ \text{中桩高程 } H_K = \text{视线高} - \text{中视读数 } k \end{array}\right\} \quad (10\text{-}1)$$

中平测量的实施如图 10-5 所示，水准仪安置于 I 站，后视水准点 BM_1，前视转点 ZD_1，将两读数分别记入表 10-2 中相应的后视、前视栏内。然后观测 BM_1 与 ZD_1 间的中间点 K0+000、+020、+040、+060，并将读数分别记入相应的中视栏，并按公式(10-1)分别计算 ZD_1 和各中桩点的高程。第一个测站的观测与计算完成。

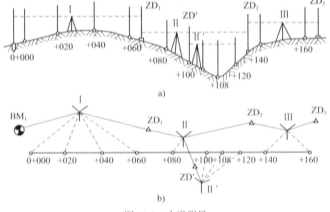

图 10-5 中平测量

中平测量记录计算表　　　　　　　　　　　　表 10-2

工程名称：_____　　日期：_____　　观测员：_____
仪器型号：_____　　天气：_____　　记录员：_____

测 点	水准尺读数(m)			视线高 (m)	测点高程 (m)	备 注
	后视 a	中视 k	前视 b			
BM_1	2.317			106.573	104.256	基平测得沟内分开测基平测得 BM_2 点高程为104.795m
K0+000		2.16			104.41	
+020		1.83			104.74	
+040		1.20			105.37	
+060		1.43			105.14	
ZD_1	0.744		1.762	105.555	104.811	
+080		1.90			103.66	
ZD_2	2.116		1.405	106.266	104.150	
+140		1.82			104.45	
+160		1.79			104.48	
ZD_3			1.834		104.432	
…	…	…	…	…	…	
K1+480		1.26			104.21	
BM_2			0.716		104.754	

复核：$\Delta h_{测} = 104.754 - 104.256 = 0.498(m)$。

然后再将仪器搬至Ⅱ站，后视转点 ZD_1，前视转点 ZD_2，将读数分别记入相应后视、前视栏。然后观测两转点间的各中间点，将读数分别记入相应的中视栏，并计算 ZD_2 和各中桩点的高程，第二个测站的观测与计算完成。

按上述方法继续向前观测，直至附合于水准点 BM_2。前视转点高程及中桩处地面高程应用式(10-1)，按所属测站的视线高进行计算，参考表 10-2。

中平测量只作单程观测。一测段结束后，应先计算中平测量测得的该测段两端水准点高差，并将其与基平所测该测段两端水准点高差进行比较，二者之差，称为测段高差闭合差。

测段高差闭合差应满足下列要求：

(1)高速公路、一级公路不得大于 $\pm 30\sqrt{L}(mm)$；

(2)二级及二级以下公路不得大于 $\pm 50\sqrt{L}(mm)$。

L 为测段长度，以千米为单位。若不满足上述要求，必须重测。

2.跨越沟谷中平测量

中平测量遇到跨越沟谷时，由于沟坡和沟底钉有中桩，且高差较大，按中平测量一般方法进行，要增加许多测站和转点，以致影响测量的速度和精度。

1)沟内沟外分开测

如图 10-6 所示，当采用一般方法测至沟谷边缘时，仪器置于测站Ⅰ，在此测站，应同时设两个转点:用于沟外测的 ZD_{16} 和用于沟内测的 ZD_A。施测时后视 ZD_{15},前视 ZD_{16} 和 ZD_A,分别求得 ZD_{16} 和 ZD_A 的高程。此后以 ZD_A 进行沟内中桩点高程的测量,以 ZD_{16} 继续沟外测量。

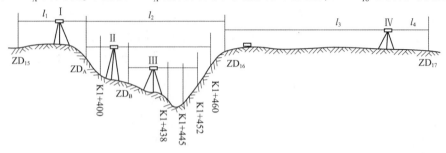

图 10-6　跨越沟谷中平测量

测量沟内中桩时,仪器下沟安置于测站Ⅱ,后视 ZD_A,观测沟谷内两侧的中桩并设置转点 ZD_B。再将仪器迁至测站Ⅲ,后视转点 ZD_B,观测沟底各中桩,至此沟内观测结束。然后仪器置于测站Ⅳ,后视转点 ZD_{16},继续前测。这种测法使沟内、沟外高程传递各自独立,互不影响。沟内的测量不会影响整个测段的闭合。但由于沟内的测量为支水准路线,缺少检核条件,故施测时应倍加注意。另外,为了减少Ⅰ站前、后视距不等所引起的误差,仪器置于Ⅳ站时,尽可能使 $l_3 = l_2$、$l_4 = l_1$ 或者 $l_1 + l_3 = l_2 + l_4$。

2)接尺法

中平测量遇到跨越沟谷时,若沟谷较窄、沟边坡度较大,个别中桩处高程不便测量,可采用接尺的方法进行测量,用两根水准尺,一人扶 A 尺,另一人扶 B 尺,从而把水准尺接长使用。必须注意此时的读数应为从望远镜内的读数加上接尺的数值,如图 10-7 所示。

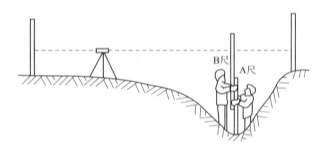

图 10-7　接尺法

利用上述方法测量时,沟内沟外分开测的记录须断开,另作记录,接尺要加以说明,以利于计算和检查,否则容易发生混乱和误会。

3. 用全站仪进行中平测量

传统的中平测量方法是用水准仪测定中桩处地面高程,施测过程中测站多,特别是在地形起伏较大的地区测量,工作量相当繁重。全站仪由于具有三维坐标测量的功能,在中线测量中可以同时测量中桩高程(中平测量)。

全站仪中平测量方法:中线测量一般用任意控制点安置全站仪,利用极坐标或切线支距法放样中桩点。在中线测量的同时,利用全站仪本身具有的高程测量功能和控制点的高程,可直接测得中桩点的地面高程。

如图 10-8 所示,设 A 点为已知控制点,B 点为待测高程的中桩点。将全站仪安置在已知

高程的 A 点,棱镜立于待测高程的中桩点 B 点上,量出仪器高 i 和棱镜高 l,全站仪照准棱镜测出视线倾角 α,则 B 点的高程 H_B 为:

$$H_B = H_A + S \cdot \sin\alpha + i - l \qquad (10\text{-}2)$$

式中:H_A——已知控制点 A 点高程;
$\quad\quad H_B$——待测高程的中桩点 B 点高程;
$\quad\quad i$——仪器高;
$\quad\quad l$——棱镜高度;
$\quad\quad S$——仪器至棱镜斜距离;
$\quad\quad \alpha$——视线倾角。

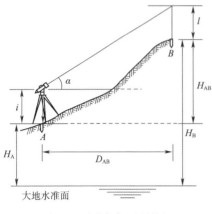

图 10-8　全站仪高程测量原理

在实际测量中,只需将安置仪器的 A 点高程 H_A、仪器高 i、棱镜高 l 直接输入全站仪,在中桩放样完成的同时,就可直接从仪器的显示屏中读取中桩点 B 点高程 H_B。

该方法的优点是在中桩平面位置测设过程中直接完成中桩高程测量,而不受地形起伏及高差大小的限制,并能进行较远距离的高程测量。高程测量数据可从仪器中直接读取,或存入仪器并在需要时调入计算机处理。

4. 任意设站进行中平测量

全站仪中平测量是利用全站仪本身具有的高程测量功能,通过合理设计其测量方案,充分发挥其高程测量不受地形起伏限制及测程较远的优势,达到快速灵活、提高工作效率和减小劳动强度的目的。

1) 施测原理

如图 10-9 所示,设 A 点为已知高程点,其高程为 H_A。B 点为待测高程的中桩点。将全站仪安置在 A、B 两点之间的 I 处。则可利用全站仪高程测量的功能,分别测得置仪点 I 与 A、B 两点间的高差 h_{IA} 及 h_{IB},由此可得 A、B 两点间高差 h_{AB}:

$$h_{AB} = h_{AI} + h_{BI} = h_{IB} - h_{IA} \qquad (10\text{-}3)$$

式中:$h_{IA} = S_{IA} \cdot \sin\alpha_A + i - l_A$;
$\quad\quad h_{IB} = S_{IB} \cdot \sin\alpha_B + i - l_B$。

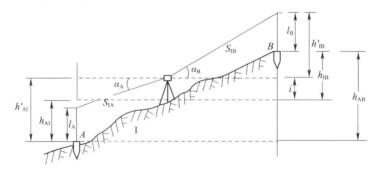

图 10-9　任意设站进行中平测量

图 10-9 中,S_{IA}、S_{IB} 为仪器至 A、B 点的棱镜斜距离;α_A、α_B 为仪器照准 A、B 两点时的视线倾角;l_A、l_B 为立于 A、B 两点的棱镜高度;i 为仪器高。

由此导出 A、B 两点的高差计算的另一种形式：

$$h_{AB} = (S_{IB} \cdot \sin\alpha_B - S_{IA} \cdot \sin\alpha_A) - (l_B - l_A) \tag{10-4}$$

从式(10-4)可看出，仪器高 i 值在高差计算过程中自动抵消，因此，在现场观测时，不需量取仪器高，只需对仪器输入后视点棱镜高 l_A 和前视点棱镜高 l_B，然后分别对 A、B 两点进行观测，从而获得置仪点 I 与 A、B 两点间的高差 h_{IA} 及 h_{IB} 即可。则待测中桩点 B 点的高程为：

$$H_B = H_A + h_{AB} = H_A + h_{IB} - h_{IA} \tag{10-5}$$

2）施测中应注意事项

（1）应合理选择全站仪安置点，使其尽可能多观测中桩点，又能与已知高程控制点通视，以便获得后视高差。

（2）安置全站仪只需整平，不需对中，不需量取仪器高。

（3）对在一个测站上观测不到的中桩点，可适当移动仪器位置。

（4）仪器位置移动后，必须重新对已知高程控制点进行观测，以获得新的后视高差，并作为新测站上的后视高差来计算中桩高程。

（5）对必须设置转点方能观测到的中桩点，转点的设置应尽量使仪器至转点和至后视已知高程控制点的距离相等，以消除残余地球曲率、大气折光以及仪器竖盘指标差对高程观测的影响。对转点高程的观测应仔细，转点高程获得后，即可作为新的已知高程点来观测其他中桩点。

任务三　路线的纵断面底图绘制

纵断面图是表示沿路线中线方向的地面起伏状态和设计纵坡的线状图，它反映出各路段纵坡的大小和中线位置处的填挖尺寸。路线设计纵断面图如图 10-10 所示。

纵断面图的绘制一般可按下列步骤进行：

（1）按照选定的里程比例尺和高程比例尺。一般对于平原微丘区里程比例尺常用 1:5000 或 1:2000，相应的高程比例尺为 1:500 或 1:200；山岭重丘区里程比例尺常用 1:2000 或 1:1000，相应的高程比例尺为 1:200 或 1:100，打格制表，填写里程、地面高程、直线与曲线、土壤地质说明等资料。

（2）绘出地面线。首先选定纵坐标的起始高程，使绘出的地面线位于图上适当位置。一般是以 10m 整数倍数的高程定在 5cm 方格的粗线上。

然后根据中桩的里程和高程，在图上按纵、横比例尺依次点出各中桩的地面位置，再用直线将相邻点一个个连接起来，就得到地面线。

在高差变化较大的地区，如果纵向受到图幅限制时，可在适当地段变更图上高程起算位置，此时地面线将形成台阶形式。

（3）计算设计高程。当路线的纵坡确定后，即可根据设计纵坡和两点间的水平距离，由一点的高程计算另一点的设计高程。设计坡度为 i，起算点的高程为 H_0，待推算点 P 高程为 H_P，待推算点至起算点的水平距离为 D，则：

$$H_P = H_0 + i \cdot D$$

式中:i——上坡时i为正,下坡时i为负。

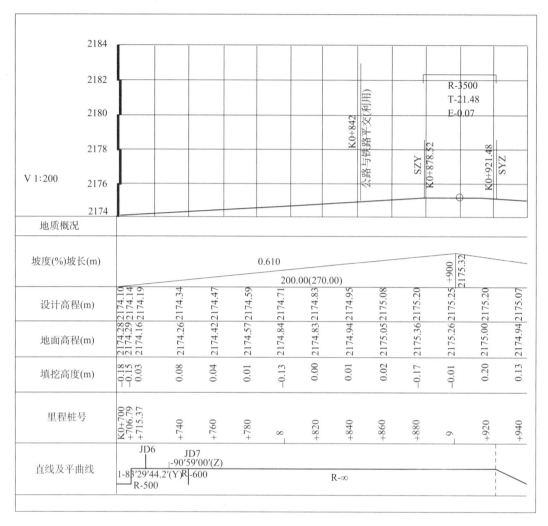

图 10-10 纵断面图

(4)计算各桩的填挖尺寸。同一桩号的设计高程与地面高程之差,即为该桩处的填土高度(正号)或挖土深度(负号)。

(5)在图上注记有关资料,如水准点、桥涵、竖曲线等。

任务四 路线横断面地面线测量

路线横断面测量是测定各中桩处垂直于中线方向上的地面起伏情况,然后绘制成横断面图,供路基、边坡、特殊构造物的设计、土石方的计算和施工放样之用。

路线横断面设计是路线设计的重要组成部分,它和纵断面设计、平面设计相互影响,所以在设计中应对平、纵、横三个方面结合起来综合考虑,反复比较和调整后,才能达到各元素之间的协调一致,做到组成合理、用地节省、工程经济和有利于环境保护。

横断面设计的主要内容是:确定横断面的形式,各组成部分的位置和尺寸以及路基土石方的计算和调配。路拱、路面结构和厚度、路基的强度和稳定性以及超高、加宽、平面视距等在本教材的有关情境中介绍。

横断面测量的宽度由路基宽度和地形情况确定,一般应在公路中线两侧各测 15~50m。

测量顺序:首先要确定横断面的方向,然后在此方向上测定中线两侧地面坡度变化点的距离和高差。

一、道路横断面方向确定

1. 直线段横断面方向测定

横断面方向的确定主要包括直线段和曲线段,而直线段和曲线段上的横断面标定方法是不同的,现分述如下。

直线段横断面方向与路线中线垂直,一般采用方向架测定。如图 10-11 所示,将方向架置于待标定横断面方向的桩点上,方向架上有两个相互垂直的固定片,用其中一个固定片瞄准该直线段上任一中桩,另一个固定片所指明方向即为该桩点的横断面方向。

2. 圆曲线横断面方向测定

圆曲线段上中桩点的横断面方向为垂直于该中桩点切线的方向。由几何知识可知,圆曲线上一点横断面方向必定沿着该点的半径方向。测定时一般采用求心方向架法,即在方向架上安装一个可以转动的活动片,并有一固定螺旋可将其固定,如图 10-12 所示。

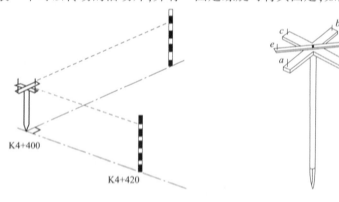

图 10-11　直线段横断面方向　　　　图 10-12　有活动片的方向架

用求心方向架测定横断面方向,如图 10-13 所示。欲测定圆曲线上某桩点 1 的横断面方向,可按下述步骤进行:

(1)将求心方向架置于圆曲线的 ZY(或 YZ)点上,用方向架的一固定片 ab 照准交点(JD)。此时 ab 方向即为 ZY(或 YZ)点的切线方向,则另一固定片 cd 所指明方向即为 ZY(或 YZ)点横断面方向。

(2)保持方向架不动,转动活动片 ef,使其照准 1 点,并将 ef 用固定螺旋固定。

(3)将方向架搬至 1 点,用固定片 cd 照准圆曲线的 ZY(或 YZ)点,则活动片 ef 所指明方向即为 1 点的横断面方向,标定完毕。

在测定 2 点的横断面方向时,可在 1 点的横断面方向上插一花杆,以固定片 cd 照准花杆,ab 片的方向即为切线方向。此后的操作与测定 1 点,横断面方向时完全相同,保持方架不动,用活动片 ef 瞄准 2 点并固定之。将方向架搬至 2 点,用固定片 cd 瞄准 1 点,活动片即方向即为 2 点的横断面方向。

如果圆曲线上桩距相同,在定出 1 点横断面方向后,保持活动片 ef 原来位置,将其搬至 2 点上,用固定片 cd 瞄准 1 点,活动片 ef 即为 2 点的横断面方向。圆曲线上其他各点的横断面方向也可按照上述方法进行标定。

3. 缓和曲线横断面方向确定

缓和曲线段上一中桩点处的横断面方向是通过该点指向曲率半径的方向,即垂直于该点切线的方向。可采用下述方法进行标定:利用缓和曲线的弦切角 Δ 和偏角 δ 的关系:$\Delta = 2\delta$,定出中桩点处曲率切线的方向,如图 10-14 所示,有了切线方向,即可用带度盘的方向架或经纬仪标定出法线(横断面)方向。

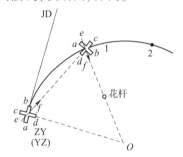

图 10-13 圆曲线段上横断面方向标定　　图 10-14 缓和段横断面方向标定

具体步骤如下。

如图 10-14 所示,P 点为待标定横断面方向的中桩点。

(1)按公式 $\delta = \left(\dfrac{l}{l_s}\right)^2 \delta_0 = \dfrac{1}{3}\left(\dfrac{l}{l_s}\right)^2 \beta_0$,计算出偏角 δ,并由 $\Delta = 2\delta$ 计算弦切角 Δ。

(2)将带度盘的方向架(又称圆盘仪)或经纬仪安置于 P 点。

(3)操作方向架的定向杆或经纬仪的望远镜,照准缓和曲线的 ZH 点,同时使度盘读数为 Δ。

(4)顺时针转动方向架的定向杆或经纬仪的望远镜,直至度盘的读数为 90°(或 270°)。此时,定向杆或望远镜所指方向即为横断面方向。

二、道路横断面测量

横断面测量方法与要求:横断面测量中的距离和高差一般准确到 0.1m 即可满足工程的要求,因此横断面测量多采用简易的测量工具和方法,以提高工作效率。下面介绍几种常用的方法。

1. 标杆皮尺法(抬杆法)

标杆皮尺法(抬杆法)是用一根标杆和一卷皮尺测定横断面方向上的两相邻变坡点的水平距离和高差的一种简易方法。

如图 10-15 所示,要进行横断面测量,根据地面情况选定变坡点 1、2、3、……将标杆竖立于 1 点上,皮尺靠在中桩地面拉平,量出中桩点至 1 点的水平距离,而皮尺截于标杆的红白格数(通常每格为 0.2m)即为两点间的高差。

项目十 路线的纵、横断面测量

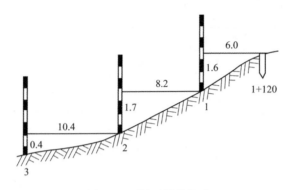

图 10-15 抬杆法测横断面

测量员报出测量结果,以便绘图或记录,报数时通常省去"水平距离"四字,高差用"低"或"高"报出,例如,图示中桩点与 1 点间,报为"6.0m 低 1.6m",记录见表 10-3。同法可测得 1 点与 2 点、2 点与 3 点……的距离和高差。表中按路线前进方向分左、右侧,以分数形式表示各测段的高差和距离,分子表示高差,正号为升高,负号为降低;分母表示距离。自中桩由近及远逐段测量与记录。

抬杆法测横断面测量记录表　　　　　　　　　　　　　表 10-3

左　　侧	里程桩号	右　　侧
$\cdots \dfrac{-0.4}{10.4} \quad \dfrac{-1.7}{8.2} \quad \dfrac{-1.6}{6.0}$	K1+120	$\dfrac{+1.0}{4.8} \quad \dfrac{+1.4}{12.5} \quad \dfrac{-2.2}{8.6} \cdots$
…	…	…

2. 水准仪皮尺法

水准仪皮尺法是利用水准仪和皮尺,按水准测量的方法测定各变坡点与中桩点间的高差,用皮尺丈量两点的水平距离的方法,如图 10-16 所示。

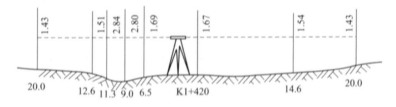

图 10-16 水准仪皮尺法测横断面

水准仪安置后,以中桩点为后视点,在横断面方向的变坡点上立尺进行前视读数,并用皮尺量出各变坡点至中桩的水平距离。水准尺读数准确到厘米,水平距离准确到分米,记录格式见表 10-4。此法适用于断面较宽的平坦地区,其测量精度较高。

中平记录表　　　　　　　　　　　　　表 10-4

测　点	水准尺读数			视线高	测点高程	备　注
	后视	中视	前视			
BM$_5$	1.950				2200.000	基平 BM$_5$
K6+000		0.75				2200.000m
+050		0.95				

续上表

测　　点	水准尺读数			视 线 高	测点高程	备　　注
	后视	中视	前视			
K6+100		2.84				
+150		3.80				
K6+200		4.61				
+250		4.22				
K6+300		2.04				
ZYK6+320.44		3.08				
+340		1.55				
QZK6+352.50		1.40				
+360		0.95				
+380		0.77				
YZK6+384.56		0.68				
K6+400		1.02				基平 BM$_6$ 2194.205m
ZD1	0.457		4.817			
涵 K6+435		3.01				
K6+500		4.59				
ZD2	2.136		3.693			
+550		3.27				
K6+600		2.84				
+650		3.79				
K6+700		3.34				
+750		2.56				
K6+800		3.07				
+850		3.25				
K6+900		2.76				
BM6			1.782			

复核：

3.经纬仪视距法

经纬仪视距法是指在地形复杂、山坡较陡的地段采用经纬仪按视距测量的方法测得各变坡点与中桩点间的水平距离和高差的一种方法。施测时，将经纬仪安置在中桩点上，用视距法测出横断面方向上各变坡点至中桩的水平距离和高差。横断面测量，高速公路、一级公路一般采用水准仪皮尺法和经纬仪视距法，二级及二级以下公路可采用标杆皮尺法。

任务五　道路横断面图绘制

(1)测绘：现场边测边绘，也能及时在现场核对，减少差错。

(2)要求：横断面图的比例尺一般是1:200或1:100，横断面图绘在厘米方格纸上，图幅为350mm×500mm,每厘米有一细线条,每5cm有一粗线条,细线间一小格是1mm。绘图时以一条纵向粗线为中线,以纵线、横线相交点为中桩位置,向左右两侧绘制。

(3)先标注中桩的桩号,再用铅笔根据水平距离和高差,将变坡点点在图纸上,然后用小三角板将这些点连接起来,就得到横断面的地面线。显然一幅图上可绘多个断面图,一般规定绘图顺序是从图纸左下方起,自下而上、由左向右,依次按桩号绘制,如图10-17所示。目前,横断面绘图大多采用计算机,选用合适的软件进行绘制。

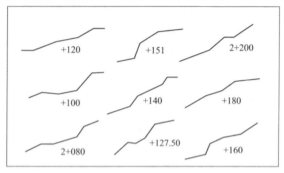

图10-17 横断面图绘图顺序

1. 完成中平记录表(表10-4)。
2. 简述公路纵断面测量的步骤。
3. 简述公路横断面测量的步骤。

项目十一 公路施工测量

1. 掌握公路施工放样的概念、任务和作用。
2. 掌握路基放样的方法、中桩坐标的计算及坐标测量的相关知识。
3. 能根据设计文件及相关规范,进行路基施工放样。

重点 勘测阶段公路的位置点的确定。

难点 施工阶段路基放样。

任务一 公路施工放样的任务

在公路工程建设中,施工放样的主要任务是利用测量技术将设计图纸上的工程构造物的平面位置和高程按规定的精度要求在实地标定出来,作为施工的依据。在施工过程中,检测工程构造物的几何尺寸,以实现从设计图纸到工程实物的质和量的转变。在工程竣工后,通过测量对工程进行质量检查和验收。实践证明,精确地测量放样能准确控制施工质量和节约工程成本。因此,施工放样是工程施工过程中的重要一环,它贯穿公路工程施工全过程。在施工过程中,通过测量放样对工程构造物外形几何尺寸进行控制和检测,及时修正偏差,以准确体现设计意图。

公路是一个三维空间的实体,它的中线是一条空间曲线。道路中心线在水平面上的投影就是路线的平面。在三维空间里,确定公路的位置定位点主要包括两个内容:一是公路的平面位置定位点;二是公路的高程位置定位点。

一、在勘测阶段路线位置点

公路平面定位点主要以公路在测设现场的中线位置;而高程点主要是公路中线的地面高程点的位置。公路中线点的位置如图 11-1 所示,公路中线的高程位置如图 11-2 所示。

二、在施工阶段路线位置点

由于在设计阶段完成了不同等级公路的内业设计工作,考虑了公路设计的行车道宽度、路肩和中央带的宽度,因此,在施工阶段,公路路线的平面位置点除了考虑公路中线的位置之外,还应要考虑公路路肩的位置、路基上边坡坡顶的位置和路基下边坡的坡脚点的位置。因此施工阶段公路平面位置定位点选定公路的中心线、公路路基的边缘点、路基填挖交界的分界点(坡脚、坡顶点)作为公路的平面位置放样点。道路中线平面位置 3 个控制点如图 11-3 所示。

项目十一　公路施工测量

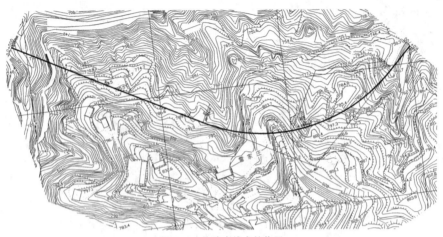

图 11-1　公路中线点的位置

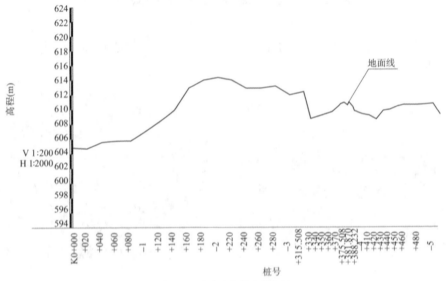

图 11-2　公路中线的高程位置

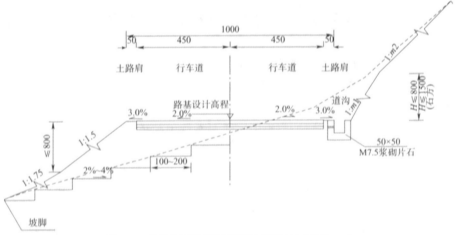

图 11-3　公路路基施工平面定位点位置(尺寸单位:cm)

在施工阶段,路基高程位置点的控制主要是以公路路基的设计高程,图 11-4 所示为路基施工高度控制位置。

图 11-4　公路路基施工高程位置点

在施工阶段,路面高程定位点的控制主要是以公路路面中心点和路面边缘点作为设计高程的控制点,如图 11-5 所示。

图 11-5　公路路面各结构层施工高程定位点

任务二　公路中线施工放样

路线中线施工放样就是利用测量仪器和设备,按设计图纸中的各项元素(如公路平纵横元素)和控制点坐标(或路线控制桩),将公路的"中心线"准确无误地放到实地,指导施工作业,习惯上称为"中线放样"。

路线中线施工放样是保证施工质量的一个重要环节。这是一项严肃认真、精确细致的工作,稍有不慎,就有可能发生错误。因此,要严格按照有关规范、规程的要求,对测量数据认真复核检查,不合格的成果一定要返工重测,要一丝不苟,树立质量重于泰山的意识。为确保施工测量质量,在施工前必须对导线控制点和路线控制桩进行复测,施工过程中要定期检查。放样时应尽量使用精良的测量设备,采用先进的测设方法。

公路中线施工放样一般有两种方法:用导线控制点放样;用路线控制桩(交点、直圆、圆直等点)放样。

用导线控制点放样中线,放样精度能得到充分的保证。在测量技术飞速发展的今天,测距仪的使用越来越普遍。现在,几乎所有的施工单位都有测距仪或全站仪,因而这种方法得到了广泛的应用。《公路路基施工技术规范》(JTG/T 3610—2019)规定,对高速公路、一级公路,应用坐标法恢复路线主要控制桩。实际应用中,二级以上的公路勘察设计,均沿路线建有导线控制点,作为首级控制,故可采用导线控制点放样中线。

用路线控制桩来放样公路中线,这种方法常用于低等级公路。现重点介绍用导线控制点放样公路中线的方法。

一、施工放样测量的精度

施工放样测量的精度取决于公路等级和设计要求以及施工控制测量的精度。测量时应从工程的设计和施工的精度需要出发,确定与之相匹配的测量技术相应的精度等级,确定满足精度要求的测量方案,使放样测量的结果满足施工的需要。

二、施工放样测量的基本要求

(1)熟悉设计图纸和施工现场。

设计图纸主要有路线平面图、纵断面图、横断面图、桥涵、构造物图及附属工程图等。要求熟悉设计图纸,充分领会设计图纸的设计思路和意图。核对图纸主要尺寸、位置、高程有无错误。在明了设计意图及在对测量精度要求的范围内,应勘察施工现场,找出各交点桩、转点桩、里程桩和水准点的位置,并应实测校核,为施工测量做好充分准备。了解工程施工组织计划,协调测量与施工进度的关系,合理安排施工放样测量工作。

(2)加强测量标志的管理与保护,注意受损测量标志的恢复。

三、导线控制点复测

导线控制点复测是施工测量前必不可少的准备工作,路线勘测设计完成以后,往往要经过一段时间才能施工。在这段时间内,导线控制点是否移位?精度如何?需对其进行复测。另外,由于人为或其他原因,导线控制点丢失或遭到破坏,要对其进行补测;有的导线点在路基范围以内,需将其移至路基范围以外。只有当这一切都完成无误,方能进行施工放样工作。

导线控制点的复测主要是检查它的坐标和高程是否正确。检测方法如图11-6所示。

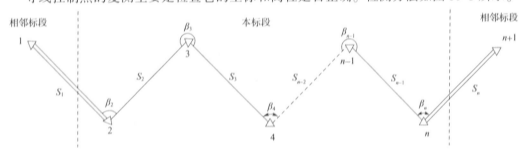

图11-6 导线点复测示意图

第一步:根据导线点 1~n 的坐标反算转角(左角)$\beta_2 \sim \beta_n$ 和导线边长 $S_1 \sim S_n$。

$$\alpha_{i+1,i} = \arctan \frac{Y_i - Y_{i+1}}{X_i - X_{i+1}} \tag{11-1}$$

$$\alpha_{i+1,i+2} = \arctan \frac{Y_{i+2} - Y_{i+1}}{X_{i+2} - X_{i+1}} \tag{11-2}$$

$$\beta_{i+1} = \alpha_{i+1,i+2} - \alpha_{i+1,i} \tag{11-3}$$

$$S_i = \sqrt{(X_{i+1} - X_i)^2 - (Y_{i+1} - Y_i)^2} \tag{11-4}$$

第二步:实地观测各左角 β'_{i+1} 及导线边长 S'_i。角度观测可取一个测回平均值,边长测量可取连续测量 3~4 次的平均值。当观测值和计算值满足下式时,则认为点的平面坐标和位置是正确的。

$$|\beta_{i+1} - \beta'_{i+1}| \leq 2m_\beta = 16'' \tag{11-5}$$

$$\left|\frac{S_i - S'_i}{S_i}\right| \leq \frac{1}{15000} \tag{11-6}$$

另外,还要对导线进行检查,检查时可将图 11-6 中的 1、2 和 n、n+1 点作为已知点,$\alpha_{1,2}$ 和 $\alpha_{n,n+1}$ 作为已知坐标方位角,按二级导线的方位角闭合差和导线全长闭合差的精度要求进行控制。

第三步:水准点高程的检查。

在使用水准点之前应仔细校核,并与国家水准点闭合。水准点高程的检查和水准测量的方法一样。高速公路和一级公路水准测量按四等水准控制,水准点闭合差为($\pm 20\sqrt{L}$),二级以下(含二级)公路水准测量按五等水准控制,水准点闭合差为($\pm 30\sqrt{L}$)。大桥附近的水准点闭合差应按现行《公路桥涵施工技术规范》(JTG/T 3650)的规定办理。如满足精度要求,则认为点的高程是正确的。

一般情况下,公路两旁布设导线点,其坐标和高程均在同一点上。因此,在复测坐标同时可利用三角高程测量的方法检测高程。

水准点间距不宜大于 1km。在人工构造物附近、高填深挖地段、工程量集中及地形复杂地段宜增设临时水准点。临时水准点必须符合精度要求,并与相邻路段水准点闭合。

值得注意的是,在复测导线点时,如果只检查本标段的点,而忽视了对前后相邻标段点的检查,就有可能在标段衔接处出现路中线错位或断高。在实际工作中,应防止上述问题发生。复测导线时,必须和相邻标段的导线闭合。

四、用导线控制点恢复中线

用导线控制点恢复中线,实质上就是根据导线点坐标与公路中线坐标之间的关系,借以高精度的测距手段,将公路中线放到实地。因此,也可称为"坐标法"。如图 11-7 所示,P 为公路中线点,坐标为 (X_P, Y_P);A、B 为公路中线附近的导线点,坐标分别为 (X_A, Y_A)、(X_B, Y_B),P 点与 A 点的极坐标关系用 A 点到 P 点的距离 S_{AP}、坐标方向 α_{AP} 表示,两点间距离和坐标方位角的计算公式如下:

$$S_{AP} = \sqrt{(X_P - X_A)^2 + (Y_P - Y_A)^2} \tag{11-7}$$

$$\alpha_{AP} = \tan^{-1}\frac{Y_P - Y_A}{X_P - X_A} \qquad (11\text{-}8)$$

式中,导线点 A 的坐标通过控制测量求得,P 点的坐标可由放线人员计算(或查设计文件中的逐桩坐标表),可分以下几种情况。

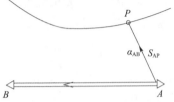

图 11-7 用导线点恢复中线

1. 当 P 点在直线段上

如图 11-8 所示,JD_n 的坐标为 (X_n, Y_n),$JD_n \sim JD_{n+1}$ 的坐标方位角为 $\alpha_{n\sim,n+1}$,P 点在 JD_n 与 JD_{n+1} 的直线段上,则 P 点的坐标按下式求得:

$$X = X_n + [T_n + (L_i - L)] \cdot \cos\alpha_{n,n+1} \qquad (11\text{-}9)$$
$$Y = Y_n + [T_n + (L_i - L)] \cdot \sin\alpha_{n,n+1} \qquad (11\text{-}10)$$

式中:L_i、L——为 P 点和 YZ(或 HZ)点的里程桩号;

T_n——为切线长。

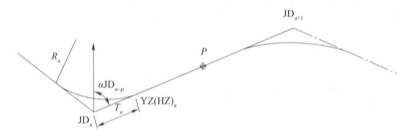

图 11-8 点 P 在直线段上

2. 当 P 点在平曲线段上

单圆曲线中桩坐标的计算比较简单,而带有缓和曲线的平曲线其坐标计算则比较麻烦,现举例如下。

P 点在带有缓和曲线的平曲线段上,已知 JD_{n-1}、JD_n、JD_{n+1} 的坐标分别为 (X_{n-1}, Y_{n-1})、(X_n, Y_n)、(X_{n+1}, Y_{n+1}),$JD_{n-1} \sim JD_n$、$JD_n \sim JD_{n+1}$ 的坐标方位角分别为 $\alpha_{n-1,n}$、$\alpha_{n,n+1}$。参见图 11-9。

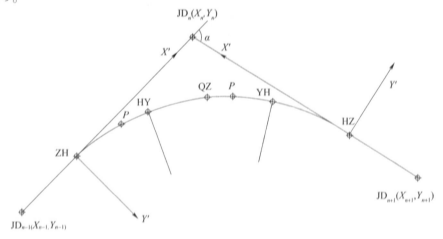

图 11-9 点 P 在曲线上

1) 坐标方位角的计算

$$\alpha_{n-1,n} = \arctan\frac{Y_n - Y_{n-1}}{X_n - X_{n-1}} \tag{11-11}$$

$$\alpha_{n,n+1} = \arctan\frac{Y_{n+1} - Y_n}{X_{n+1} - X_n} \tag{11-12}$$

则转角:$\alpha = \alpha_{n,n+1} - \alpha_{n-1,n}$,负为左传,正为右转。

2) 中桩坐标的计算

先根据交点的坐标、切线的坐标方位角与切线长,采用导线坐标的计算方法,计算主点 ZH、HZ 的坐标,然后以 ZH(或)HZ 为坐标原点,以向 JD_n 的切线为 X' 轴,过原点的法线为 Y' 轴,建立 $X'OY'$ 局部坐标系,计算 P 点在局部坐标系中的坐标(X',Y'),再利用坐标平移和旋转的方法将此坐标转化为路线坐标系中的坐标(X,Y)。

(1) 主点坐标的计算。

$$X_{ZH} = X_n + T_h\cos(\alpha_{n-1,n} + 180°) \tag{11-13}$$

$$Y_{ZH} = Y_n + T_h\sin(\alpha_{n-1,n} + 180°) \tag{11-14}$$

$$X_{HZ} = X_n + T_h\cos\alpha_{n,n+1} \tag{11-15}$$

$$Y_{HZ} = X_n + T_h\sin\alpha_{n,n+1} \tag{11-16}$$

(2) 计算 P 点在坐标系 $X'OY'$ 中的坐标(X',Y')。

①当 P 点在缓和曲线段内:

$$X' = L_i - \frac{L_i^5}{40R^2L_s^2} \tag{11-17}$$

$$Y' = \frac{L_i^3}{6RL_s} \tag{11-18}$$

式中:L_i——P 点桩号与 ZY 或 YZ 点桩号之差;

　　　R——圆曲线半径;

　　　L_s——缓和曲线长度。

②当 P 点在圆曲线段内:

$$X' = R\sin\frac{\left(L_i - \frac{L_s}{2}\right)\cdot\frac{180°}{\pi}}{R} + q \tag{11-19}$$

$$Y' = R\left[1 - \cos\frac{\left(L_i - \frac{L_s}{2}\right)\cdot\frac{180°}{\pi}}{R}\right] + p \tag{11-20}$$

式中:p——内移值;

　　　q——切线增长值;

　　　其余符号同前。

(3) 坐标转换。

①前半个曲线:

$$X = X_{ZH} + X'\cos\alpha_{n-1,n} - Y'\sin\alpha_{n-1,n} \tag{11-21}$$

$$Y = Y_{ZH} + X'\sin\alpha_{n-1,n} + Y'\cos\alpha_{n-1,n} \tag{11-22}$$

②后半个曲线：
$$X = X_{HZ} + X'\cos(\alpha_{n,n+1} + 180°) - Y'\sin(\alpha_{n,n+1} + 180°) \quad (11\text{-}23)$$
$$Y = Y_{HZ} + X'\sin(\alpha_{n,n+1} + 180°) + Y'\cos(\alpha_{n,n+1} + 180°) \quad (11\text{-}24)$$

式中，X'的符号始终为正值，Y'的符号有正有负，当起点为 ZH 点，曲线为左偏时，Y'取负值；当起点为 HZ 点，曲线为右偏时，Y'取负值；反之取正值。

3. P_i 点的放样

根据求得的 P 点坐标，代入式(11-7)、式(11-8)中，计算出 P 点与导线点 A 的距离 S_{AP} 和坐标方位角 α_{AP}，并按以下放样步骤进行放样。

(1) 在控制点 A 架设全站仪或经纬仪，对中、整平。
(2) 将导线点坐标、路线有关数据输入计算机，运行计算机程序。
(3) 后视已知导线点 B，配置水平度盘读数至后视导线点坐标方位角 α_{AP}。
(4) 根据待放点 P 的桩号 L_i，计算机自动判断并计算该点的放样资料 S_{AP}、α_{AP}。
(5) 转动照准部，拨方位角 α_{AP}，量距离 S_{AP}，精确定出待放点 P。
(6) 检查该点 P 的桩号、方位角、距离是否正确。

重复第(4)~(6)步，放样其他路线中桩。

任务三　路基横断面施工放样

一、路基路面设计的基本参数

在公路中线施工控制桩恢复完成后，即可进行路基施工。路基施工前，应先在地面上把路基的轮廓表示出来，即把路堤坡脚点(或路堑坡顶点)找出来，钉上边桩，同时还应把边坡的坡度表示出来，为路堤填筑和路堑开挖提供施工依据。在进行路基路面施工放样以前，应首先了解路基路面设计的基本参数，以便在进行放样测量时计算放样数据。路基路面的设计计算参数主要包括路基宽度、路面宽度、排水沟宽度(梯形排水沟的边坡坡度)、填挖高度、路堤、路堑的边坡坡度、路基的超高和加宽等基本参数。

1. 路基宽度

公路路基宽度是指行车道与路肩宽度之和。当设有中间带、变速车道、爬坡车道、应急停车带时，还包括这些设施的宽度，如图 11-10 所示。

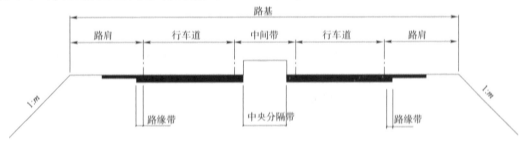

图 11-10　路基横断面布置图

2. 边坡坡度

路基边坡坡度通常以 $1:m$ 的形式表示,即:

$$i = h/d = 1/m$$

式中: m——边坡坡度;

h——边坡的高度;

d——边坡的宽度。

3. 超高

根据路基路面的设计要求,在公路直线段路基边缘点处于同一高度,路面横断面由路中心向两侧略向下倾斜形成双向横坡。但是在曲线路段为保证汽车行驶安全,在公路曲线半径小于各级公路的不设超高最小半径时,均应设置超高。圆曲线段路面的设计超高值是常数,路面倾斜形成单向横坡;缓和曲线段路面的超高值随着缓和曲线上的长度的不同而变化,路面横坡倾斜由直线段的双向横坡向圆曲线的单向横坡逐步过渡。超高值可从设计文件中查取。

4. 加宽

当圆曲线半径不大于 250m 时,在圆曲线段应按规定设置加宽,同时在曲线两端设置加宽缓和段。曲线上的加宽值可从设计文件中查取。

若圆曲线的加宽值为 B_j,加宽缓和段内任一中桩的加宽值,可按下式计算。

当加宽缓和段为直线过渡时:

$$B_{jx} = \frac{X}{L_c} B_j \tag{11-25}$$

当加宽缓和段为高次抛物线过渡时:

$$B_{jx} = 4\left(\frac{X}{L_c}\right)^3 - 3\left(\frac{X}{L_c}\right)^4 \tag{11-26}$$

式中: B_{jx}——加宽缓和段内任意中桩的加宽值;

X——对应于 B_{jx} 的中桩到加宽缓和段起点的长度;

L_c——加宽缓和段(或缓和曲线段)的长度。

二、路基边桩放样的一般要求

公路路基的边桩包括路堤的填挖边界点和路堑的开挖边界点。除此之外在路基土石方施工以前还应把公路红线界桩和公路工程界桩也要在地面上标定。

路基边界点是指路堤(或路堑)边坡与自然地面的交点。

公路红线界桩是指为保证公路工程的正常使用和行车安全,根据公路勘测设计规范所确定的公路占用土地的分界用地界桩。公路用地在土地管理中属于公用地籍,界桩的设立将标明公路用地的边界范围,界桩之间连成的线称为红线。公路红线界桩确定了公路用地的范围、归属和用途,具有保护公路用地不受侵犯的法律效力。

公路工程界桩是根据公路设计的要求,表明路基、涵洞、挡土墙等边界点位实际位置的桩位,如公路的路基界桩、绿化带界桩等。公路工程界桩有时可能在公路用地的边界上,这种公路工程界桩兼有红线界桩的性质。

三、路基横断面的放样

路基横断面的放样主要是路基边桩和边坡的放样。

1. 路基边桩放样

路基边桩放样就是在地面上将每一个横断面的路基边坡线与地面的交点,用木桩标定出来。边桩的位置由横断面方向、两侧边桩至中桩的距离来确定。

路基边桩测设的目的,是根据路基的设计横断面和中桩位置,在地面上标定出路基填挖边界,即路堤的坡脚线和路堑的坡顶线,以便根据边桩确定路基填筑或开挖的范围。

根据不同的条件,路基边桩测设可以用计算法、图解法或试探法等几种方法。

1)计算法

如图 11-11 所示,如果地面平坦,中桩到边桩的距离为:

$$D = \frac{b}{2} + m \cdot H \quad (11\text{-}27)$$

式中:b——路堤顶面或路堑底面(含侧沟和平台)的宽度;

m——路基边坡系数;

H——路基填挖高度。

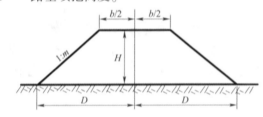 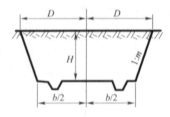

图 11-11 路基横断面示意图

2)图解法

在地势比较平坦的地段,如果横断面测绘精度较高,可以在路基横断面设计图上直接量取中桩到边桩的距离,然后在现场进行放样。

3)试探法

在地面横向坡度起伏较大的地段,两侧边桩到中桩的距离相差也较大。此时应用试探法测设路基边桩。

先以路堤为例,说明试探法测设边桩的过程。如图 11-12a)所示,在路基横断面方向上,根据路基填挖高度 H 和边坡系数,先估计一个边桩的大致位置,例如上坡一侧在 1 点处,测出该点相对于中桩的水平距离 D'_1 和高差 h_1,显然,路基到 1 点的高差为 $H-h_1$,根据式(11-27),在此高差时,中桩到边桩的水平距离应为:

$$D_1 = \frac{b}{2} + m \times (H - h_1) \quad (11\text{-}28)$$

$$\Delta D = D'_1 - D_1 \quad (11\text{-}29)$$

如果 $\Delta D > 0$,说明该点靠外了,应向内移动,反之应向外移动。移动后用同样的方法再次观测,直到 $\Delta D \leq 0.1\text{m}$ 时,则可认为观测点的位置就是边桩的位置。在下坡一侧,由于观测点相对于中桩的高差是负值,式(11-28)仍然适用。

再讨论路堑边桩。如图11-12b)所示,如果在上坡一侧选定了边桩的大致位置1点,测定其相对于中桩的高差h_1和平距D'_1后,该点相对于中桩的高差为$H+h_1$,在此高差时边桩距中桩的理论距离为:

$$D_1 = \frac{b}{2} + m \times (H + h_1) \qquad (11\text{-}30)$$

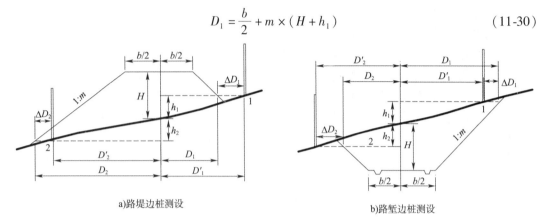

a)路堤边桩测设　　　　　　b)路堑边桩测设

图11-12　试探法示意图

按式(11-29)计算出偏移量ΔD后,用上述方法测设出边桩位置。显然,式(11-30)同样适用于路堑的下坡一侧。

需要特别注意的是,在式(11-28)和式(11-30)中,H是路基填挖高度的绝对值,而h_1是观测点相对于中桩的高差,应考虑其正负号。从图11-12还可看出,对于路堤,当估计的边桩位置在上坡一侧时,移动量应略小于ΔD,下坡一侧应略大于ΔD;对于路堑则恰好相反。有经验后试测一两次即可确定边桩的位置。

2. 路基边坡的放样

在放样出边桩后,为了保证填、挖的边坡达到设计要求,还应把设计边坡在实地标定出来,以方便施工。

(1)用花杆、绳索放样边坡。

(2)用边坡样板放样边坡。施工前按照设计边坡坡度做好边坡样板,施工时,按照边坡样板进行放样。

3. 路基竣工测量

路基施工完成后应进行竣工测量。其任务是最后确定线路中线的位置,同时检查路基施工是否符合设计要求;其主要内容有:中线测设、高程测量和横断面测量。

1)中线测设

首先根据护桩恢复中线控制桩并进行固桩,然后进行中线贯通测量,在有桥涵、隧道的地段,应从桥隧的中线向两端贯通。贯通测量后的中线位置,应符合路基宽度和建筑限界的要求,中线里程应全线贯通,消灭断链。直线段每50m、曲线段每20m测设一桩;还要在平交道中心、变坡点、桥涵中心等处测设加桩。

2)高程测量

竣工测量时,要将水准点移到稳固的建筑物或邻近线路的稳固基岩上,否则应设置混凝土水准标石。全线水准点高程应该贯通,消灭断高。中桩高程测量按复测方法进行,路基面实测高程与设计值相差应不大于5cm。

3）横断面测量

主要检查路基宽度、边坡、侧沟、天沟等构筑物的尺寸，其误差应不大于5cm。

任务四　纵断面的施工放样

纵断面施工放样时，如果待放点在直坡段其放样较为简单，下面关键介绍竖曲线的放样。竖曲线放样时，可以在路基设计表或纵断面图上直接查得中桩设计高程。但有时根据实际，放线人员需要自己计算时，可根据纵断面图（图11-13）上的设计资料，按如下方法进行。

$$T = \frac{1}{2}R(i_1 - i_2) \tag{11-31}$$

$$L = R(i_1 - i_2) \tag{11-32}$$

$$E = \frac{T^2}{2R} \tag{11-33}$$

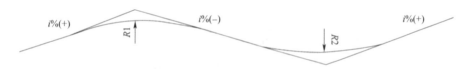

图 11-13　路线纵断面示意图

当中桩位于竖曲线范围内，应对其坡道高程进行修正。竖曲线的高程改正值计算公式为：

$$Y_i = \frac{X_i^2}{2R} \tag{11-34}$$

式（11-34）中 Y_i 的值在竖曲线中为正号，在凹曲线中为负号。计算时，只需把已算出的各点的坡道高程加上（对于凹曲线）或减去（对于凸曲线）相应点的高程改正值即可。

【例11-1】　设 $i_1 = -1.114\%$，$i_2 = +0.154\%$，为凹曲线，变坡点的桩号为 K1+670，高程为 48.60m，欲设置 $R = 5000$m 的竖曲线，求各测设元素、起点、终点的桩号和高程、曲线上每隔10间距里程桩的高程改正数和设计高程。

解：

按上列公式求得：

$$T = \frac{1}{2}R(i_1 - i_2) = \frac{1}{2} \times 5000(-1.114\% - 0.154\%) = 31.7(\text{m})$$

$$L = R(i_1 - i_2) = 5000(-1.114\% - 0.154\%) = 63.4(\text{m})$$

$$E = \frac{T^2}{2}R = \frac{31.70^2}{2} \times 5000 = 0.10(\text{m})$$

竖曲线起点、终点的桩号和高程为：

起点桩号 = K1 + (670 - 31.70) = K1 + 638.30

终点桩号 = K1 + (638.30 + 63.40) = K1 + 701.70

起点坡道高程 = 48.60 + 31.7 × 1.114% = 48.96(m)
终点坡道高程 = 48.60 + 31.70 × 0.154% = 48.65(m)

然后根据 $R = 5000$ m 和相应的桩距 X_i，即可求得竖曲线上各桩的高程改正数 Y_i，计算结果见表11-1。

竖曲线高程计算表(m)　　　　表11-1

桩　号	至起点、终点距离 X_i	高程改正数 Y_i	坡道高程	竖曲线高程	备　注
K1+638.30			48.95	48.95	竖曲线起点
K1+650	$X_i = 11.7$	$Y_i = 0.01$	48.82	48.83	$i_1 = -1.114\%$
K1+660	$X_i = 21.7$	$Y_i = 0.05$	48.71	48.76	
K1+670	$X_i = 31.7$	$Y_i = 0.10$	48.60	48.70	变坡点
K1+680	$X_i = 21.7$	$Y_i = 0.05$	48.62	48.67	$i_2 = +0.154\%$
K1+690	$X_i = 11.7$	$Y_i = 0.01$	48.63	48.64	
K1+701.70			48.65	48.65	竖曲线终点

习　题

1. 简述公路中线施工放样的步骤。
2. 完成曲线设计计算。
3. 完成中桩坐标计算。
4. 完成竖曲线高程计算。
5. 定测中线与初测导线的关系如图11-14所示。初测导线点的计算坐标和定测中线交点的量算坐标均列于表11-2中，试完成拨角法放线资料的计算。

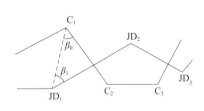

图11-14　定测中线与初测导线的关系图

点号及坐标　　　表11-2

点　号	X(m)	Y(m)
C_2	17240.8	21195.0
C_1	17468.4	20756.4
JD_1	17254.0	20513.6
JD_2	17450.8	22036.2
JD_3	17368.0	23117.8

参 考 文 献

[1] 中华人民共和国住房和城乡建设部.工程测量标准:GB 50026—2020[S].北京:中国计划出版社,2020.
[2] 中华人民共和国交通部.公路勘测标准:JTG C10—2007[S].北京:人民交通出版社,2007.
[3] 中华人民共和国国家质量监督检验检疫总局,中国国家标准化管理委员会.全球定位系统(GPS)测量规范:GB/T 18314—2009[S].北京:中国标准出版社,2009.
[4] 中华人民共和国交通运输部.公路工程技术标准:JTG B01—2014[S].北京:人民交通出版社,2014.
[5] 金仲秋,陈凯.工程测量[M].北京:人民交通出版社,2014.
[6] 李仕东.工程测量[M].北京:人民交通出版社,2009.
[7] 张保成.工程测量[M].北京:人民交通出版社,2008.
[8] 田文.工程测量[M].北京:人民交通出版社,2011.
[9] 蔡颢.工程测量[M].天津:天津科学技术出版社,2018.